수학 상위권 향상을 위한 문장제 해결력 완성

문제 해결의 길잡이

문제 해결의 길잡이 심화

수학 5학년

WRITERS

이재효
서울교육대학교 수학교육과, 한국교원대학교 대학원
수학 교과서, 수학 익힘책, 교사용 지도서 저자
교육과정 심의위원 역임
전 서울 문현초등학교 교장

김영기
서울교육대학교 수학교육과, 국민대학교 교육대학원
수학 교과서, 수학 익힘책, 교사용 지도서 저자
교육과정 심의위원 역임
전 서울 창동초등학교 교장

이용재
서울교육대학교 수학교육과, 한국교원대학교 대학원
수학 교과서, 수학 익힘책, 교사용 지도서 저자
교육과정 심의위원 역임
전 서울 영서초등학교 교감

COPYRIGHT

인쇄일 2024년 11월 25일(6판6쇄)
발행일 2022년 1월 3일

펴낸이 신광수
펴낸곳 (주)미래엔
등록번호 제16-67호

융합콘텐츠개발실장 황은주
개발책임 정은주 **개발** 나현미, 장혜승, 박새연, 박지민

디자인실장 손현지
디자인책임 김병석 **디자인** 디자인뷰

CS본부장 강윤구
제작책임 강승훈

ISBN 979-11-6841-045-9

이 책의 머리말

이솝 우화에 나오는 '여우와 신포도' 이야기를 떠올려 볼까요?
배가 고픈 여우가 포도를 따 먹으려고 하지만 손이 닿지 않았어요.
그러자 여우는 포도가 시고 맛없을 것이라고 말하며 포기하고 말았죠.

만약 여러분이라면 어떻게 했을까요?
여우처럼 그럴듯한 핑계를 대며 포기했을 수도 있고,
의자나 막대기를 이용해서 마침내 포도를 따서 먹었을 수도 있어요.

어려움 앞에서 포기하지 않고
어떻게든 이루어 보려는 마음, 그 마음이 바로 '도전'입니다.
수학 앞에서 머뭇거리지 말고 뛰어넘으려는 마음을 가져 보세요.

"문제 해결의 길잡이 심화"는
여러분의 도전이 빛날 수 있도록 길을 밝혀 줄 거예요.
도전하려는 마음이 생겼다면, 이제 출발해 볼까요?

전략 세움

해결 전략 수립으로 상위권 실력에 도전하기

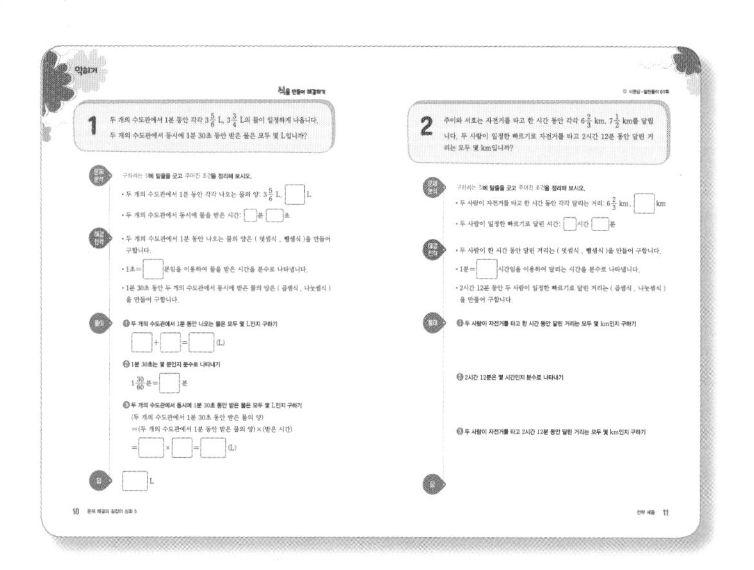

익히기

문제를 분석하고 해결 전략을 세운 후에 단계적으로 풀이합니다. 이 과정을 반복하여 집중 연습하면 스스로 해결하는 힘이 길러집니다.

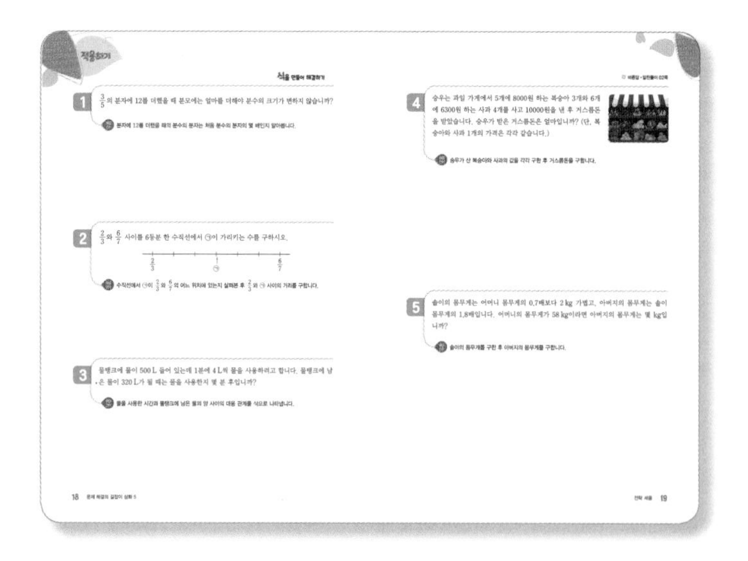

적용하기

스스로 문제를 분석한 후에 주어진 해결 전략을 참고하여 문제를 풀이합니다. 혼자서 해결 전략을 세울 수 있다면 바로 풀이해도 됩니다.

최고의 실력으로 이끌어 주는 문제 풀이 동영상

해결 전략을 세우는 데 어려움이 있다면? 풀이 과정에 궁금증이 생겼다면?
문제 풀이 동영상을 보면서 해결 전략 수립과 풀이 과정을 확인합니다!

전략 이룸

해결 전략 완성으로 문장제·서술형 고난도 유형 도전하기

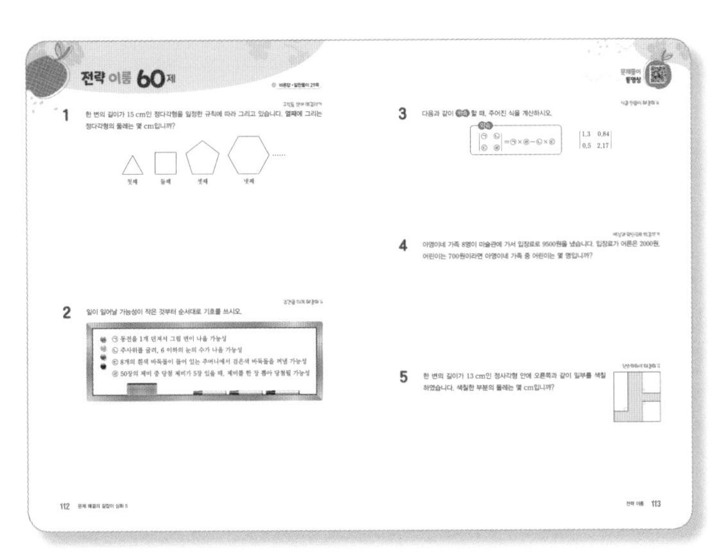

문제를 분석하여 스스로 해결 전략을 세우고 풀이하는 단계입니다. 이를 통해 고난도 유형을 풀어내는 향상된 실력을 확인합니다.

경시 대비 평가 [별책]

최고 수준 문제로 교내외 경시 대회 도전하기

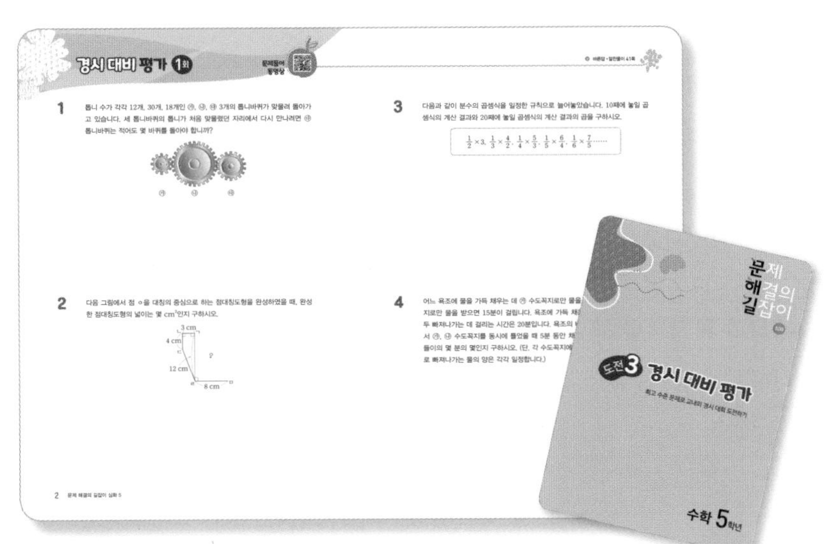

문해길 학습의 최종 단계입니다. 최고 수준 문제로 각종 경시 대회를 준비합니다.

이 책의 차례

도전 2 전략 이룸 60제

도전 3 경시 대비 평가 [별책]

[바른답 · 알찬풀이]

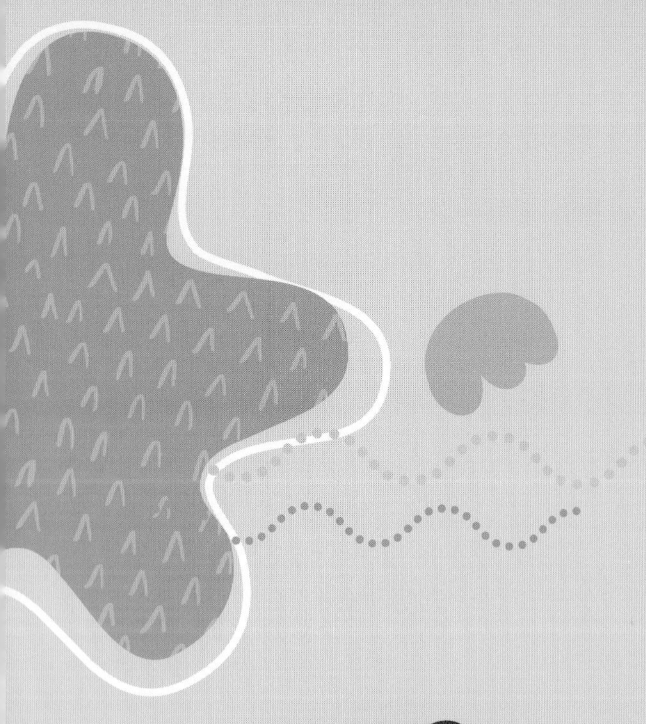

도전 1 전략 세움

해결 전략 수립으로 상위권 실력에 도전하기

나의 공부 계획

		쪽수	공부한 날	확인
식을 만들어 해결하기	익히기	10 ~ 11쪽	월 일	
		12 ~ 13쪽	월 일	
		14 ~ 15쪽	월 일	
		16 ~ 17쪽	월 일	
	적용하기	18 ~ 19쪽	월 일	
		20 ~ 21쪽	월 일	
그림을 그려 해결하기	익히기	24 ~ 25쪽	월 일	
		26 ~ 27쪽	월 일	
		28 ~ 29쪽	월 일	
		30 ~ 31쪽	월 일	
	적용하기	32 ~ 33쪽	월 일	
		34 ~ 35쪽	월 일	
표를 만들어 해결하기	익히기	38 ~ 39쪽	월 일	
		40 ~ 41쪽	월 일	
		42 ~ 43쪽	월 일	
	적용하기	44 ~ 45쪽	월 일	
		46 ~ 47쪽	월 일	
거꾸로 풀어 해결하기	익히기	50 ~ 51쪽	월 일	
		52 ~ 53쪽	월 일	
		54 ~ 55쪽	월 일	
	적용하기	56 ~ 57쪽	월 일	
		58 ~ 59쪽	월 일	
규칙을 찾아 해결하기	익히기	62 ~ 63쪽	월 일	
		64 ~ 65쪽	월 일	
		66 ~ 67쪽	월 일	
	적용하기	68 ~ 69쪽	월 일	
		70 ~ 71쪽	월 일	
예상과 확인으로 해결하기	익히기	74 ~ 75쪽	월 일	
		76 ~ 77쪽	월 일	
		78 ~ 79쪽	월 일	
	적용하기	80 ~ 81쪽	월 일	
		82 ~ 83쪽	월 일	
조건을 따져 해결하기	익히기	86 ~ 87쪽	월 일	
		88 ~ 89쪽	월 일	
		90 ~ 91쪽	월 일	
		92 ~ 93쪽	월 일	
	적용하기	94 ~ 95쪽	월 일	
		96 ~ 97쪽	월 일	
단순화하여 해결하기	익히기	100 ~ 101쪽	월 일	
		102 ~ 103쪽	월 일	
		104 ~ 105쪽	월 일	
	적용하기	106 ~ 107쪽	월 일	
		108 ~ 109쪽	월 일	

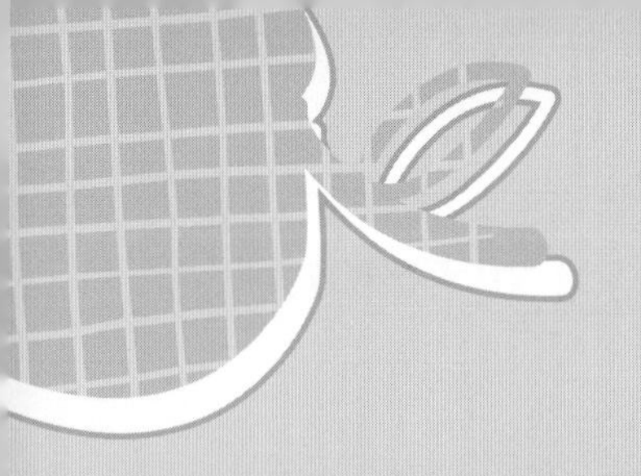

수학의 모든 문제는 8가지 해결 전략으로 통한다!
문·해·길 전략 세움으로 문제 해결력 상승!

1 식을 만들어 해결하기
문제에 주어진 상황과 조건을 수와 계산 기호로 나타내어 해결하는 전략

2 그림을 그려 해결하기
문제에 주어진 조건과 관계를 간단한 도형, 수직선 등으로 나타내어 해결하는 전략

3 표를 만들어 해결하기
문제에 제시된 수 사이의 대응 관계를 표로 나타내어 해결하는 전략

4 거꾸로 풀어 해결하기
문제 안에 조건에 대한 결과가 주어졌을 때 결과에서부터 거꾸로 생각하여 해결하는 전략

5 규칙을 찾아 해결하기
문제에 주어진 정보를 분석하여 그 안에 숨어 있는 규칙을 찾아 해결하는 전략

6 예상과 확인으로 해결하기
문제의 답을 미리 예상해 보고 그 답이 문제의 조건에 맞는지 확인하는 과정을 반복하여 해결하는 전략

7 조건을 따져 해결하기
문제에 주어진 조건을 따져가며 차례대로 실마리를 찾아 해결하는 전략

8 단순화하여 해결하기
문제에 제시된 상황이 복잡한 경우 이것을 간단한 상황으로 단순하게 나타내어 해결하는 전략

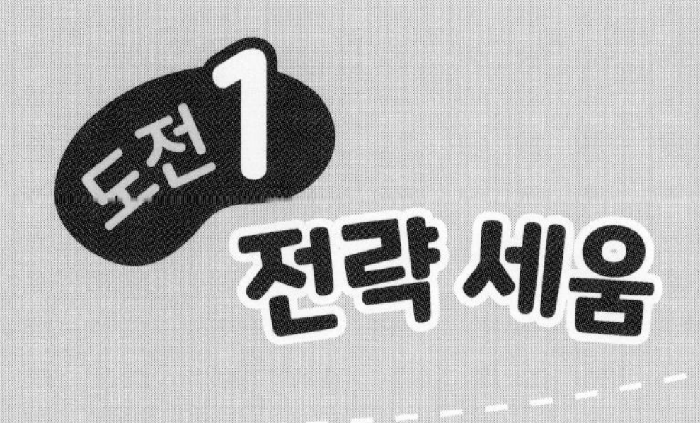

식을 만들어 해결하기

식을 만들어 해결하기

1

두 개의 수도관에서 1분 동안 각각 $3\frac{5}{6}$ L, $3\frac{3}{4}$ L의 물이 일정하게 나옵니다. 두 개의 수도관에서 동시에 1분 30초 동안 받은 물은 모두 몇 L입니까?

문제 분석

구하려는 것에 밑줄을 긋고 주어진 조건을 정리해 보시오.

- 두 개의 수도관에서 1분 동안 각각 나오는 물의 양: $3\frac{5}{6}$ L, □ L
- 두 개의 수도관에서 동시에 물을 받은 시간: □분 □초

- 두 개의 수도관에서 1분 동안 나오는 물의 양은 (덧셈식 , 뺄셈식)을 만들어 구합니다.
- 1초=□분임을 이용하여 물을 받은 시간을 분수로 나타냅니다.
- 1분 30초 동안 두 개의 수도관에서 동시에 받은 물의 양은 (곱셈식 , 나눗셈식)을 만들어 구합니다.

풀이

❶ **두 개의 수도관에서 1분 동안 나오는 물은 모두 몇 L인지 구하기**

□+□=□(L)

❷ **1분 30초는 몇 분인지 분수로 나타내기**

$1\frac{30}{60}$분=□분

❸ **두 개의 수도관에서 동시에 1분 30초 동안 받은 물은 모두 몇 L인지 구하기**

(두 개의 수도관에서 1분 30초 동안 받은 물의 양)
=(두 개의 수도관에서 1분 동안 받은 물의 양)×(받은 시간)
=□×□=□(L)

답

 L

바른답 • 알찬풀이 01쪽

2

주이와 서호는 자전거를 타고 한 시간 동안 각각 $6\frac{2}{3}$ km, $7\frac{1}{2}$ km를 달립니다. 두 사람이 일정한 빠르기로 자전거를 타고 2시간 12분 동안 달린 거리는 모두 몇 km입니까?

문제 분석

구하려는 것에 밑줄을 긋고 주어진 조건을 정리해 보시오.

- 두 사람이 자전거를 타고 한 시간 동안 각각 달리는 거리: $6\frac{2}{3}$ km, ☐ km
- 두 사람이 일정한 빠르기로 달린 시간: ☐시간 ☐분

해결 전략

- 두 사람이 한 시간 동안 달린 거리는 (덧셈식 , 뺄셈식)을 만들어 구합니다.
- 1분=☐시간임을 이용하여 달리는 시간을 분수로 나타냅니다.
- 2시간 12분 동안 두 사람이 일정한 빠르기로 달린 거리는 (곱셈식 , 나눗셈식)을 만들어 구합니다.

풀이

❶ 두 사람이 자전거를 타고 한 시간 동안 달린 거리는 모두 몇 km인지 구하기

❷ 2시간 12분은 몇 시간인지 분수로 나타내기

❸ 두 사람이 자전거를 타고 2시간 12분 동안 달린 거리는 모두 몇 km인지 구하기

답

식을 만들어 해결하기

3

오른쪽 그림에서 색칠한 부분의 넓이는 몇 cm^2입니까?

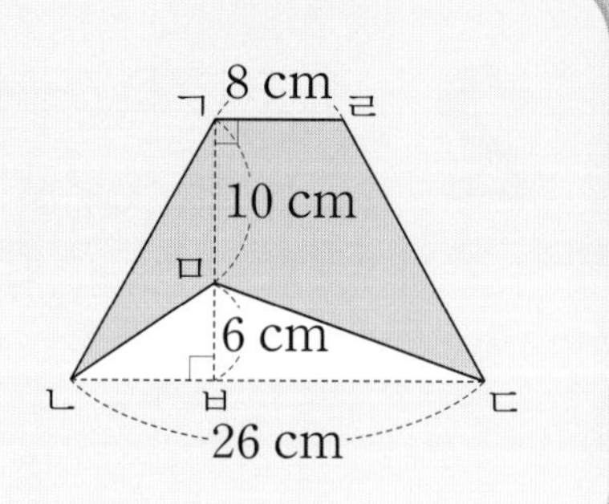

문제 분석 구하려는 것에 밑줄을 긋고 주어진 조건을 정리해 보시오.

- (사다리꼴의 윗변의 길이)=☐ cm,
  (사다리꼴의 아랫변의 길이)=☐ cm
- (선분 ㄱㅁ의 길이)=☐ cm, (선분 ㅁㅂ의 길이)=☐ cm

해결 전략 색칠한 부분의 넓이는 사다리꼴 ㄱㄴㄷㄹ의 넓이에서 삼각형 ㅁㄴㄷ의 넓이를 (더하는 , 빼는) 식을 만들어 구합니다.

풀이

① 사다리꼴 ㄱㄴㄷㄹ의 넓이는 몇 cm^2인지 구하기

(사다리꼴 ㄱㄴㄷㄹ의 높이)=☐+☐=☐ (cm)

➡ (사다리꼴 ㄱㄴㄷㄹ의 넓이)=(8+☐)×☐÷2=☐ (cm^2)

② 삼각형 ㅁㄴㄷ의 넓이는 몇 cm^2인지 구하기

(삼각형 ㅁㄴㄷ의 넓이)=26×☐÷2=☐ (cm^2)

③ 색칠한 부분의 넓이는 몇 cm^2인지 구하기

(색칠한 부분의 넓이)

=(사다리꼴 ㄱㄴㄷㄹ의 넓이)−(삼각형 ㅁㄴㄷ의 넓이)

=☐−☐=☐ (cm^2)

답 ☐ cm^2

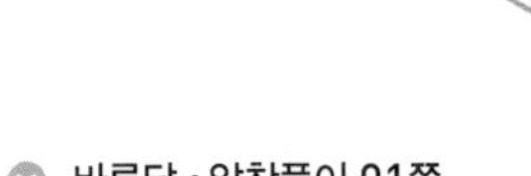

바른답 • 알찬풀이 01쪽

4

오른쪽 그림은 한 변의 길이가 20 cm인 정사각형 ㄱㄴㄷㄹ 안에 정사각형 ㅁㅂㅅㅇ을 그린 것입니다. 색칠한 부분의 넓이는 몇 cm^2입니까?

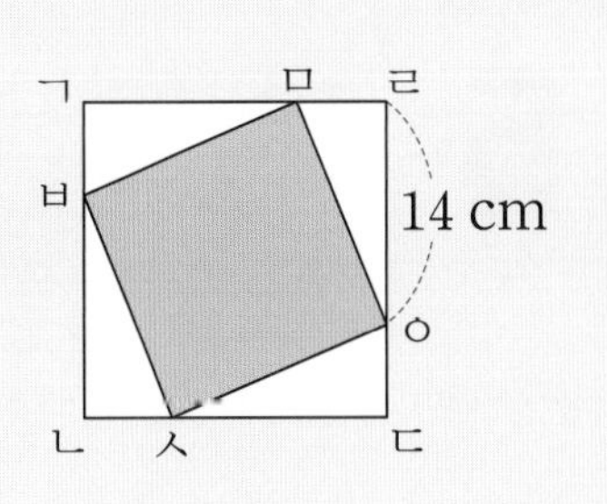

문제 분석

구하려는 것에 밑줄을 긋고 주어진 조건을 정리해 보시오.

- (정사각형 ㄱㄴㄷㄹ의 한 변의 길이)=☐ cm
- 정사각형 ㄱㄴㄷㄹ 안에 정사각형 ㅁㅂㅅㅇ을 그렸습니다.
- (선분 ㄹㅇ의 길이)=☐ cm

해결 전략

- 삼각형 ㄱㅂㅁ, 삼각형 ㄴㅅㅂ, 삼각형 ㄷㅇㅅ, 삼각형 ㄹㅁㅇ은 합동인 직각삼각형입니다.
- 색칠한 부분의 넓이는 정사각형 ㄱㄴㄷㄹ의 넓이에서 합동인 직각삼각형 ☐개의 넓이의 합을 (더하는 , 빼는) 식을 만들어 구합니다.

풀이

① 정사각형 ㄱㄴㄷㄹ의 넓이는 몇 cm^2인지 구하기

② 합동인 직각삼각형 4개의 넓이의 합은 몇 cm^2인지 구하기

③ 색칠한 부분의 넓이는 몇 cm^2인지 구하기

답

5

준성이가 7이라고 말하면 선아는 22라고 답하고, 준성이가 9라고 말하면 선아는 28이라고 답합니다. 또, 준성이가 11이라고 말하면 선아는 34라고 답합니다. 준성이가 19라고 말할 때 선아가 답해야 하는 수는 무엇입니까?

문제 분석

구하려는 것에 밑줄을 긋고 주어진 조건을 정리해 보시오.

- 준성이가 7이라고 말했을 때 선아가 답한 수: □
- 준성이가 9라고 말했을 때 선아가 답한 수: □
- 준성이가 11이라고 말했을 때 선아가 답한 수: □

해결 전략

준성이가 말한 수와 선아가 답한 수 사이의 대응 관계를 식으로 나타냅니다.

풀이

❶ 준성이가 말한 수를 ■, 선아가 답한 수를 ▲라 할 때 두 양 사이의 대응 관계를 식으로 나타내기

준성이가 말한 수(■)	7	9	11
선아가 답한 수(▲)			

■가 2씩 커질 때마다 ▲는 □씩 커집니다.

■와 ▲ 사이의 대응 관계를 식으로 나타내면 ■×□+□=▲입니다.

❷ 준성이가 19라고 말할 때 선아가 답해야 하는 수 구하기

■=19일 때 ▲=19×□+□=□입니다.

따라서 준성이가 19라고 말할 때 선아가 답해야 하는 수는 □입니다.

답 □

바른답 • 알찬풀이 02쪽

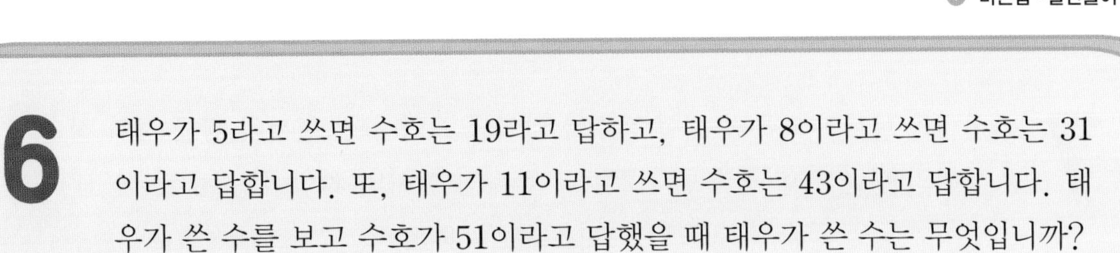

6 태우가 5라고 쓰면 수호는 19라고 답하고, 태우가 8이라고 쓰면 수호는 31이라고 답합니다. 또, 태우가 11이라고 쓰면 수호는 43이라고 답합니다. 태우가 쓴 수를 보고 수호가 51이라고 답했을 때 태우가 쓴 수는 무엇입니까?

문제 분석

구하려는 것에 **밑줄을 긋고** 주어진 조건**을 정리해 보시오.**

- 태우가 5라고 썼을 때 수호가 답한 수: □
- 태우가 8이라고 썼을 때 수호가 답한 수: □
- 태우가 11이라고 썼을 때 수호가 답한 수: □

해결 전략

태우가 쓴 수와 수호가 답한 수 사이의 대응 관계를 식으로 나타냅니다.

풀이

① 태우가 쓴 수를 □, 수호가 답한 수를 △라 할 때 두 양 사이의 대응 관계를 식으로 나타내기

② 수호가 51이라고 답했을 때 태우가 쓴 수 구하기

답

식을 만들어 해결하기

7 성태와 현서의 과목별 시험 점수를 나타낸 표입니다. 현서의 평균 시험 점수가 성태의 평균 시험 점수보다 2점 더 높다면 현서의 과학 점수는 몇 점입니까?

과목별 시험 점수

과목 / 이름	국어	영어	수학	과학
성태	87점	79점	93점	81점
현서	92점	85점	77점	

문제 분석 구하려는 것에 밑줄을 긋고 주어진 조건을 정리해 보시오.

- 성태와 현서의 과목별 시험 점수를 나타낸 표
- (현서의 평균 시험 점수)=(성태의 평균 시험 점수)+☐

해결 전략 성태의 평균 시험 점수를 구한 후 ☐점을 더하여 현서의 평균 시험 점수를 구합니다.

풀이

① **성태의 평균 시험 점수는 몇 점인지 구하기**

(성태의 평균 시험 점수)=(87+79+93+☐)÷4

=☐÷4=☐(점)

② **현서의 평균 시험 점수는 몇 점인지 구하기**

(현서의 평균 시험 점수)=☐+2=☐(점)

③ **현서의 과학 점수는 몇 점인지 구하기**

(현서의 시험 점수의 합)=☐×4=☐(점)

➡ (현서의 과학 점수)=☐−(92+85+☐)

=☐−☐=☐(점)

답 ☐점

바른답 • 알찬풀이 02쪽

8

주호네 모둠과 재희네 모둠의 줄넘기 기록을 나타낸 표입니다. 줄넘기를 재희네 모둠이 주호네 모둠보다 더 잘했다면 희수는 줄넘기를 적어도 몇 회 해야 합니까?

주호네 모둠의 줄넘기 기록

이름	줄넘기 기록(회)
주호	47
민지	38
범수	35
현지	44

재희네 모둠의 줄넘기 기록

이름	줄넘기 기록(회)
재희	29
영수	51
수진	43
성준	48
희수	

문제 분석

구하려는 것에 밑줄을 긋고 주어진 조건을 정리해 보시오.

- 주호네 모둠과 재희네 모둠의 줄넘기 기록을 나타낸 표
- 줄넘기를 재희네 모둠이 주호네 모둠보다 더 (잘했습니다 , 못했습니다).

해결 전략

(주호 , 재희)네 모둠의 줄넘기 평균 기록을 구한 후 (주호 , 재희)네 모둠의 줄넘기 기록의 합은 적어도 몇 회이어야 하는지 구합니다.

풀이

❶ 주호네 모둠의 줄넘기 평균 기록은 몇 회인지 구하기

❷ 희수는 줄넘기를 적어도 몇 회 해야 하는지 구하기

답

1 $\frac{3}{5}$의 분자에 12를 더했을 때 분모에는 얼마를 더해야 분수의 크기가 변하지 않습니까?

해결 전략 분자에 12를 더했을 때의 분수의 분자는 처음 분수의 분자의 몇 배인지 알아봅니다.

2 $\frac{2}{3}$와 $\frac{6}{7}$ 사이를 6등분 한 수직선에서 ㉠이 가리키는 수를 구하시오.

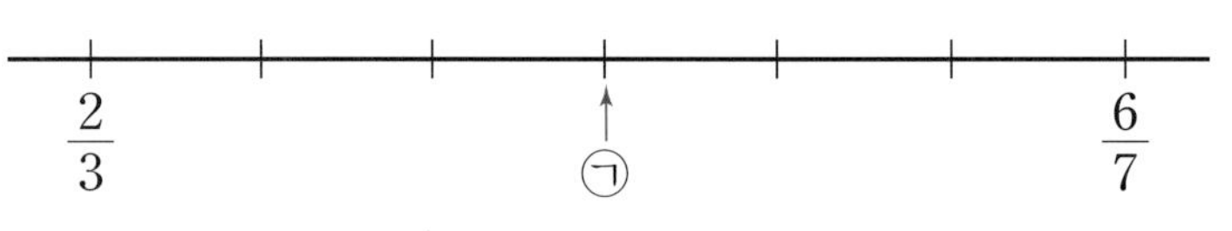

해결 전략 수직선에서 ㉠이 $\frac{2}{3}$와 $\frac{6}{7}$의 어느 위치에 있는지 살펴본 후 $\frac{2}{3}$와 ㉠ 사이의 거리를 구합니다.

3 물탱크에 물이 500 L 들어 있는데 1분에 4 L씩 물을 사용하려고 합니다. 물탱크에 남은 물이 320 L가 될 때는 물을 사용한지 몇 분 후입니까?

해결 전략 물을 사용한 시간과 물탱크에 남은 물의 양 사이의 대응 관계를 식으로 나타냅니다.

4 승우는 과일 가게에서 5개에 8000원 하는 복숭아 3개와 6개에 6300원 하는 사과 4개를 사고 10000원을 낸 후 거스름돈을 받았습니다. 승우가 받은 거스름돈은 얼마입니까? (단, 복숭아와 사과 1개의 가격은 각각 같습니다.)

해결 전략 승우가 산 복숭아와 사과의 값을 각각 구한 후 거스름돈을 구합니다.

5 솔이의 몸무게는 어머니 몸무게의 0.7배보다 2 kg 가볍고, 아버지의 몸무게는 솔이 몸무게의 1.8배입니다. 어머니의 몸무게가 58 kg이라면 아버지의 몸무게는 몇 kg입니까?

해결 전략 솔이의 몸무게를 구한 후 아버지의 몸무게를 구합니다.

식을 만들어 해결하기

6 수호네 집에서 학교 가는 길에 은행과 우체국이 있습니다. 집에서 은행까지의 거리는 집에서 학교까지 거리의 $\frac{1}{2}$이고, 은행에서 우체국까지의 거리는 집에서 학교까지 거리의 $\frac{3}{8}$입니다. 우체국에서 학교까지의 거리가 90 m일 때, 집에서 학교까지의 거리는 몇 m입니까?

해결 전략 우체국에서 학교까지의 거리는 집에서 학교까지 거리의 몇 분의 몇인지 구합니다.

7 한 변의 길이가 40 cm인 정사각형 모양의 나무판을 다음과 같이 8조각으로 똑같이 잘라서 가와 나 틀을 만들었습니다. 틀 안의 넓이는 어느 것이 더 넓습니까?

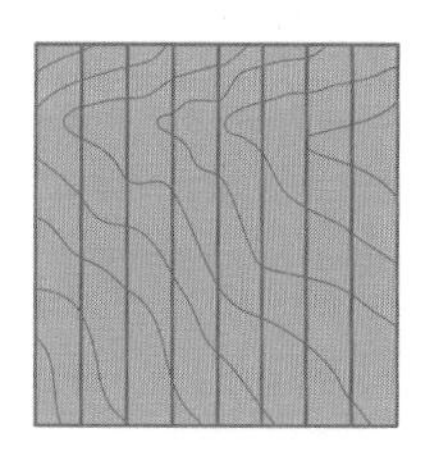

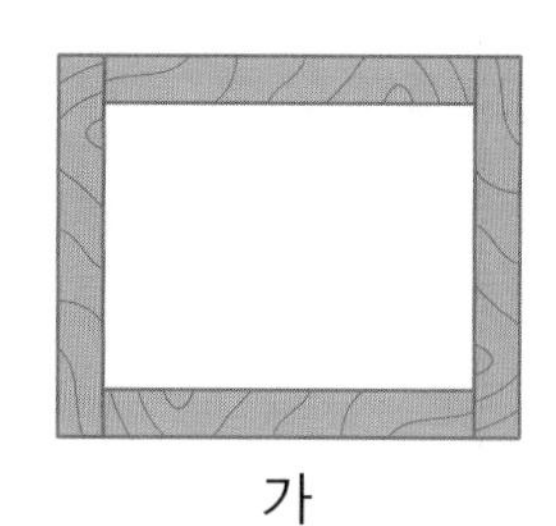

가

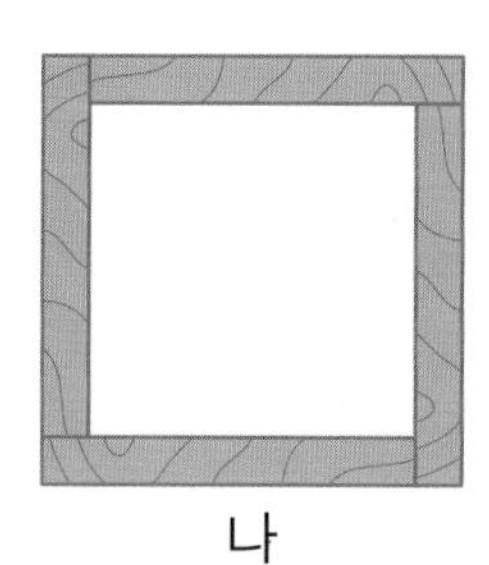

나

해결 전략 8조각으로 자른 나무판 한 개의 긴 변의 길이와 짧은 변의 길이를 각각 구한 후 가 틀과 나 틀 안의 넓이를 비교합니다.

8

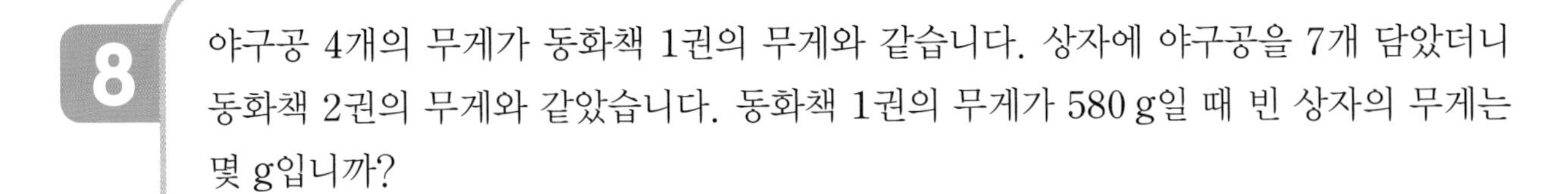

야구공 4개의 무게가 동화책 1권의 무게와 같습니다. 상자에 야구공을 7개 담았더니 동화책 2권의 무게와 같았습니다. 동화책 1권의 무게가 580 g일 때 빈 상자의 무게는 몇 g입니까?

해결 전략 야구공 1개의 무게를 구한 후 빈 상자의 무게를 구합니다.

9

어떤 일을 혼자서 하면 혜진이는 12일, 성수는 6일, 보라는 4일이 걸립니다. 이 일을 세 사람이 함께 한다면 일을 끝내는 데 며칠이 걸리겠습니까? (단, 세 사람이 각각 하루 동안 하는 일의 양은 일정합니다.)

해결 전략 전체 일의 양을 1이라고 하여 세 사람이 하루 동안 하는 일의 양을 각각 분수로 나타냅니다.

10

일정한 빠르기로 1분에 1.9 km를 달리는 기차가 있습니다. 이 기차가 다음과 같이 첫 번째 터널에 들어가기 시작하여 길이가 700 m인 2개의 터널을 완전히 통과하는 데 2분 15초가 걸렸습니다. 기차의 길이가 365 m일 때 터널 사이의 거리는 몇 km입니까?

해결 전략 터널을 완전히 통과하는 데 기차가 달린 거리를 구한 후 터널 사이의 거리를 구합니다.

도전, 창의사고력

산타클로스가 직육면체 모양의 상자에 선물을 담고 끈으로 상자를 묶으려고 합니다. 사용할 수 있는 끈의 길이가 270 cm라고 할 때 묶을 수 없는 상자를 고르시오. (단, 리본 모양으로 매듭을 짓는데 사용한 끈의 길이는 25 cm입니다.)

상자를 묶는 데
끈이 가로, 세로, 높이를
각각 몇 번씩 지나가지?

가

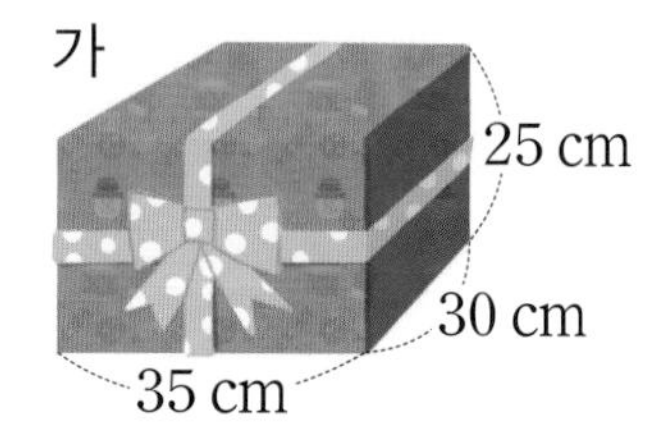

나

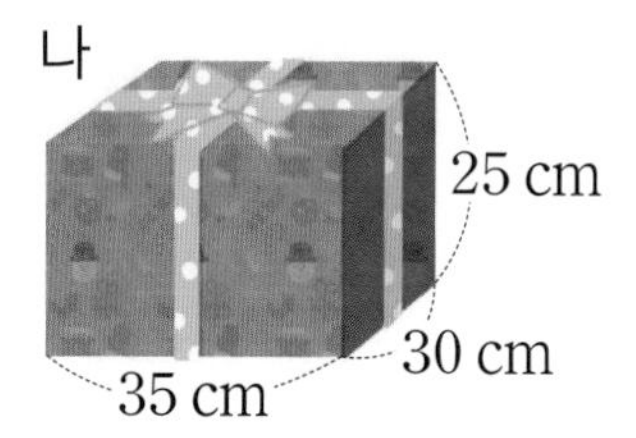

다

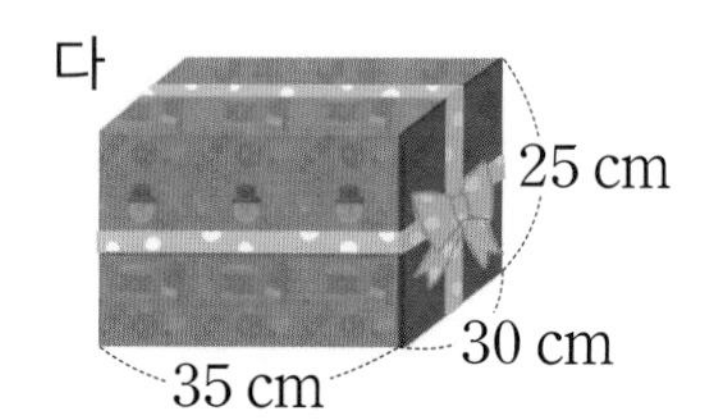

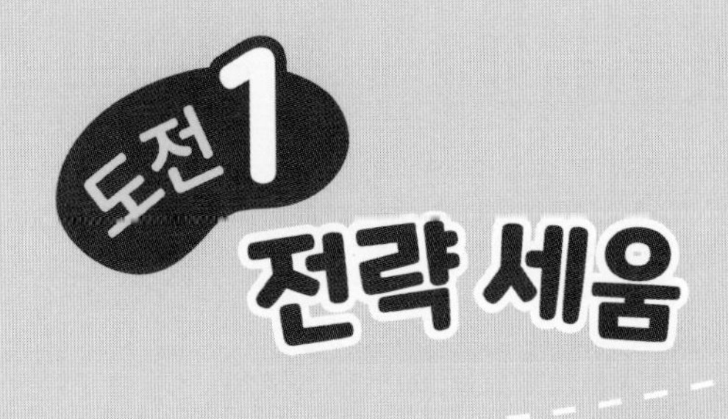

그림을 그려 해결하기

그림을 그려 해결하기

1

밭 전체의 $\frac{7}{10}$에 고구마를 심고 밭 전체의 $\frac{1}{4}$에 감자를 심고 나머지는 아무것도 심지 않았습니다. 아무것도 심지 않은 부분은 밭 전체의 몇 분의 몇입니까?

문제 분석 구하려는 것에 밑줄을 긋고 주어진 조건을 정리해 보시오.

- 고구마를 심은 부분: 밭 전체의 ☐
- 감자를 심은 부분: 밭 전체의 ☐

해결 전략 고구마와 감자를 심은 부분을 그림으로 나타내 봅니다.

풀이

❶ **고구마와 감자를 심은 부분을 그림으로 나타내기**

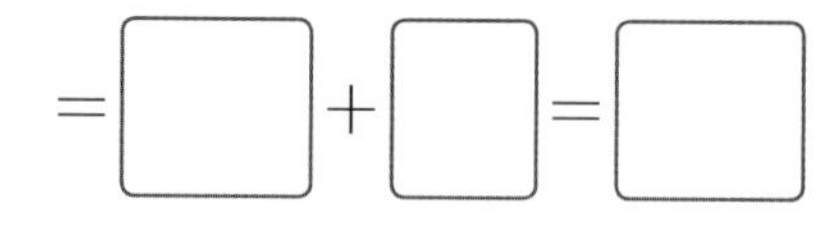

❷ **고구마와 감자를 심은 부분은 밭 전체의 몇 분의 몇인지 구하기**

밭 전체를 1이라고 하면

(고구마와 감자를 심은 부분)=(고구마를 심은 부분)+(감자를 심은 부분)

=☐+☐=☐

❸ **아무것도 심지 않은 부분은 전체의 몇 분의 몇인지 구하기**

(아무것도 심지 않은 부분)=1−(고구마와 감자를 심은 부분)

=1−☐=☐

답 ☐

바른답 • 알찬풀이 04쪽

2

물통에 물을 가득 채우면 무게가 $3\frac{1}{8}$ kg이라고 합니다. 물통에 물을 가득 채운 후 채워진 물의 절반을 사용하고 무게를 재어 보니 $1\frac{5}{6}$ kg이었습니다. 빈 물통의 무게는 몇 kg입니까?

문제 분석

구하려는 것에 밑줄을 긋고 주어진 조건을 정리해 보시오.

• 물을 가득 채운 물통의 무게: ☐ kg

• 물통에서 물의 절반을 사용했을 때 물통의 무게: ☐ kg

물이 가득 채워진 물통과 물을 사용한 물통을 그림으로 나타내 봅니다.

풀이

① 물통에 담은 물의 양을 그림으로 나타내기

② 물 절반의 무게는 몇 kg인지 구하기

③ 빈 물통의 무게는 몇 kg인지 구하기

답

그림을 그려 해결하기

3

오른쪽 그림에서 직선 ㄴㄷ을 대칭축으로 하는 선대칭도형을 완성하였을 때, 완성한 선대칭도형의 넓이는 몇 cm^2입니까?

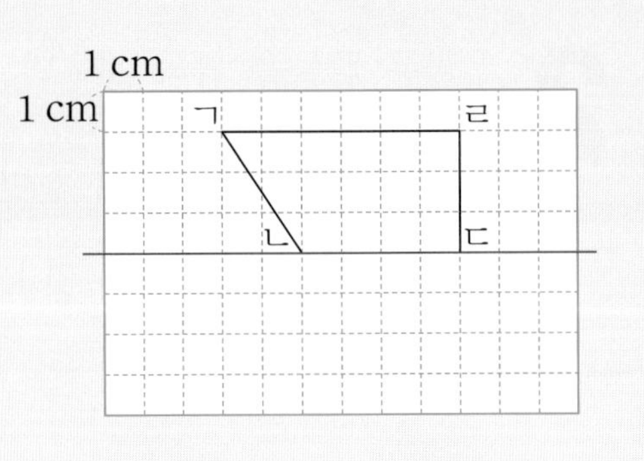

문제 분석 구하려는 것에 밑줄을 긋고 주어진 조건을 정리해 보시오.

- 직선 ㄴㄷ을 대칭축으로 하는 (선대칭도형 , 점대칭도형)
- 눈금 한 칸의 길이: ☐ cm

해결 전략

- (직선 ㄱㄹ, 직선 ㄴㄷ)을 따라 접었을 때 완전히 겹치도록 도형을 그려 봅니다.
- 선대칭도형에서 대칭축에 의해 나누어진 도형은 합동입니다.

풀이

① 선대칭도형 완성하기

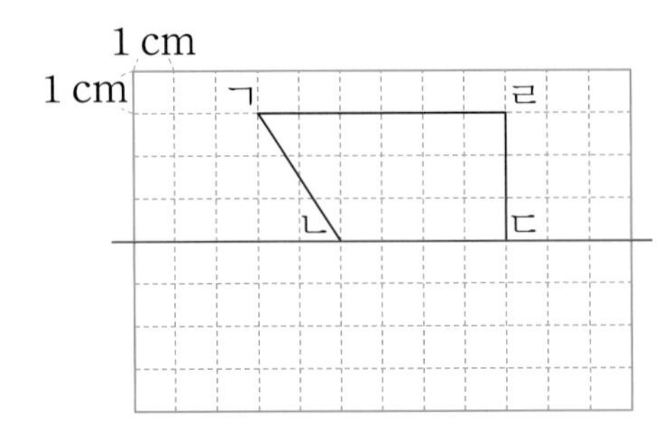

② 사다리꼴 ㄱㄴㄷㄹ의 넓이는 몇 cm^2인지 구하기

모눈 한 칸의 길이가 1 cm이므로 사다리꼴의 윗변의 길이는 6 cm,

아랫변의 길이는 ☐ cm, 높이는 ☐ cm입니다.

➡ (사다리꼴 ㄱㄴㄷㄹ의 넓이)$=(6+☐)\times☐\div2=☐$ (cm^2)

③ 완성한 선대칭도형의 넓이는 몇 cm^2인지 구하기

(완성한 선대칭도형의 넓이)$=$(사다리꼴 ㄱㄴㄷㄹ의 넓이)$\times$☐

$=☐\times☐=☐$ (cm^2)

답 ☐ cm^2

바른답 • 알찬풀이 05쪽

4

오른쪽 그림에서 점 ㅇ을 대칭의 중심으로 하는 점대칭도형을 완성하였을 때, 완성한 점대칭도형의 넓이는 몇 cm^2입니까?

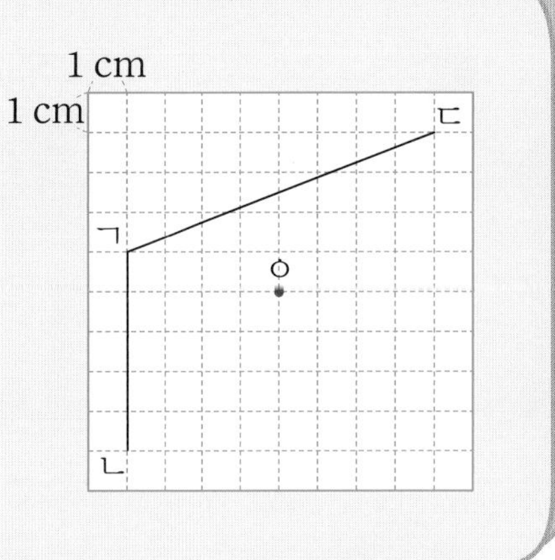

문제 분석 구하려는 것에 밑줄을 긋고 주어진 조건을 정리해 보시오.

- 점 ㅇ을 대칭의 중심으로 하는 (선대칭도형 , 점대칭도형)
- 눈금 한 칸의 길이: ☐ cm

해결 전략 (점 ㄱ, 점 ㅇ)을 중심으로 180° 돌렸을 때 완전히 겹치도록 도형을 그려 봅니다.

풀이

① 점대칭도형 완성하기

② 완성한 점대칭도형의 넓이는 몇 cm^2인지 구하기

답

그림을 그려 해결하기

5 오른쪽은 어떤 직육면체를 위와 앞에서 본 모양입니다. 이 직육면체의 모든 모서리의 길이의 합은 몇 cm입니까?

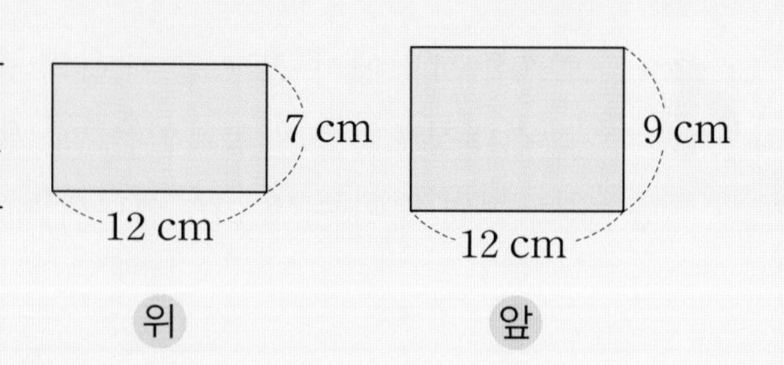

문제 분석 구하려는 것에 밑줄을 긋고 주어진 조건을 정리해 보시오.

- 위에서 본 모양: 가로가 ☐ cm, 세로가 ☐ cm인 직사각형
- 앞에서 본 모양: 가로가 ☐ cm, 세로가 ☐ cm인 직사각형

해결 전략 직육면체를 위와 앞에서 본 모양을 보고 직육면체의 겨냥도를 그려 봅니다.

풀이 ① **직육면체의 겨냥도를 보고 ☐ 안에 알맞은 수 써넣기**

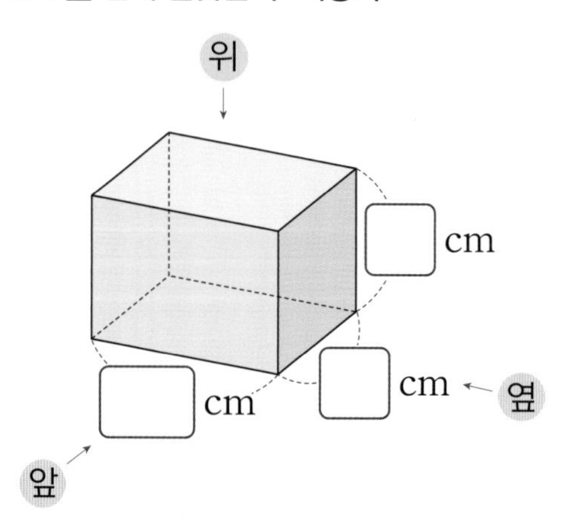

② **직육면체의 모든 모서리의 길이의 합은 몇 cm인지 구하기**

(직육면체의 모든 모서리의 길이의 합)$=12\times$☐$+7\times$☐$+9\times$☐

$=$☐$+$☐$+$☐

$=$☐ (cm)

답 ☐ cm

바른답 • 알찬풀이 05쪽

6

오른쪽은 어떤 직육면체를 앞과 옆에서 본 모양입니다. 이 직육면체의 모든 모서리의 길이의 합은 몇 cm입니까?

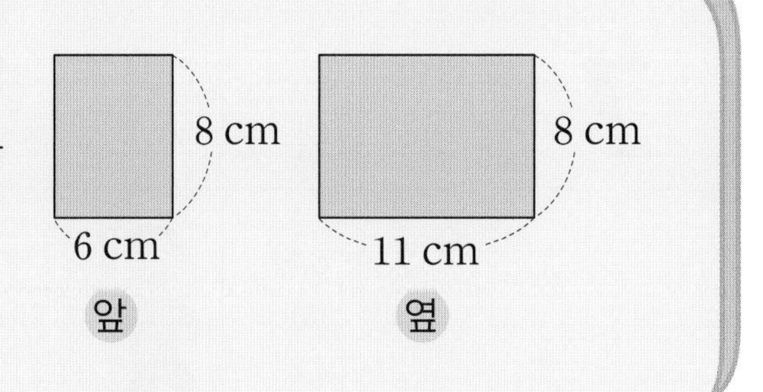

문제 분석

구하려는 것에 밑줄을 긋고 주어진 조건을 정리해 보시오.

- 앞에서 본 모양: 가로가 ☐ cm, 세로가 ☐ cm인 직사각형
- 옆에서 본 모양: 가로가 ☐ cm, 세로가 ☐ cm인 직사각형

해결 전략

직육면체를 앞과 옆에서 본 모양을 보고 직육면체의 겨냥도를 그려 봅니다.

풀이

① 직육면체의 겨냥도 그려 보기

② 직육면체의 모든 모서리의 길이의 합은 몇 cm인지 구하기

답

익히기

그림을 그려 해결하기

7 주현이네 반 학생 수를 다음과 같이 말하고 있습니다. 주현이네 반 학생 수는 몇 명이 될 수 있는지 모두 구하시오.

문제 분석 구하려는 것에 밑줄을 긋고 주어진 조건을 정리해 보시오.

- 주현이가 말하는 학생 수의 범위: ☐명 이상 33명 이하
- 영미가 말하는 학생 수의 범위: 26명 초과 ☐명 이하
- 민태가 말하는 학생 수의 범위: ☐명 이상 35명 미만

해결 전략 수직선에 세 사람이 말하는 학생 수의 범위를 나타내어 주현이네 반 학생 수는 몇 명이 될 수 있는지 모두 구합니다.

풀이

❶ 수직선에 세 사람이 말하는 학생 수의 범위를 각각 나타내기

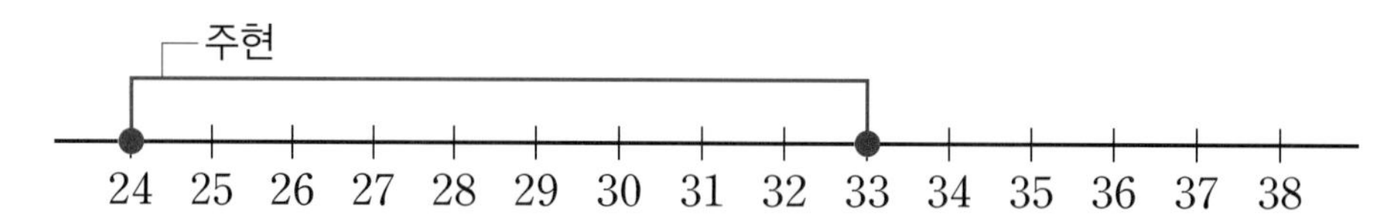

❷ ❶의 수직선에서 공통된 수의 범위를 이상과 이하를 사용하여 나타내기

수직선의 공통된 수의 범위는 ☐ 이상 ☐ 이하입니다.

❸ 주현이네 반 학생 수는 몇 명이 될 수 있는지 모두 구하기

주현이네 반 학생 수는 ☐명, ☐명, ☐명이 될 수 있습니다.

답 ☐명, ☐명, ☐명

바른답 • 알찬풀이 06쪽

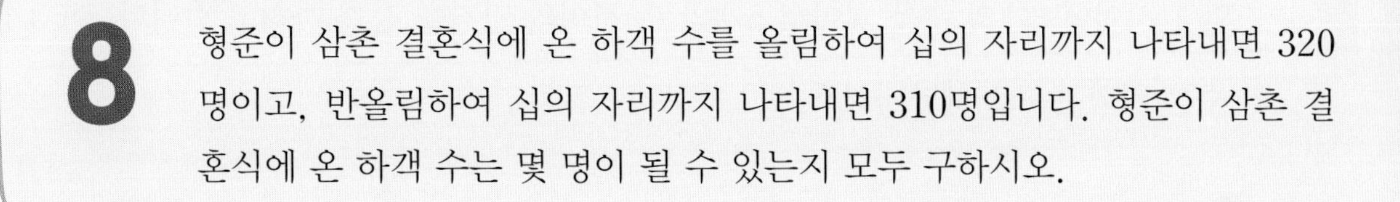

8 형준이 삼촌 결혼식에 온 하객 수를 올림하여 십의 자리까지 나타내면 320명이고, 반올림하여 십의 자리까지 나타내면 310명입니다. 형준이 삼촌 결혼식에 온 하객 수는 몇 명이 될 수 있는지 모두 구하시오.

문제 분석

구하려는 것에 밑줄을 긋고 주어진 조건을 정리해 보시오.

- 올림하여 십의 자리까지 나타낸 하객 수: ☐명
- 반올림하여 십의 자리까지 나타낸 하객 수: ☐명

해결 전략

수직선에 올림과 반올림을 하여 나타낸 하객 수의 범위를 나타내어 형준이 삼촌 결혼식에 온 하객 수는 몇 명이 될 수 있는지 모두 구합니다.

풀이

❶ 수직선에 올림과 반올림을 하여 나타낸 하객 수의 범위를 각각 나타내기

❷ ❶의 수직선에서 공통된 수의 범위를 초과와 미만을 사용하여 나타내기

❸ 형준이 삼촌 결혼식에 온 하객 수는 몇 명이 될 수 있는지 모두 구하기

답

그림을 그려 해결하기

1 $\frac{2}{3}$와 1 사이에 3개의 수를 넣어서 5개의 수 사이의 간격을 같게 하려고 합니다. 이 3개의 수를 기약분수로 나타내시오.

해결 전략 수직선에 $\frac{2}{3}$와 1 사이의 간격을 같게 하여 그림을 그려 봅니다.

2 민영이가 체스판을 만들기 위해 한 변의 길이가 $\frac{1}{5}$ m인 정사각형 모양의 종이를 가로와 세로를 각각 8등분 하여 검은색과 흰색을 번갈아 칠했습니다. 검은색이 칠해진 부분의 넓이는 몇 m^2입니까?

해결 전략 민영이가 만든 체스판을 그려본 후 검은색이 칠해진 부분이 어느 정도인지 살펴봅니다.

3 길이가 3.08 m인 색 테이프 4장을 0.94 m씩 겹쳐서 한 줄로 이어 붙였습니다. 이어 붙인 색 테이프의 전체 길이는 몇 m입니까?

해결 전략 이어 붙인 색 테이프 4장을 그림으로 나타내 봅니다.

바른답 • 알찬풀이 06쪽

4

주머니에 검은색 바둑돌 3개와 흰색 바둑돌 3개가 들어 있습니다. 이 바둑돌을 두 접시에 똑같은 개수만큼 모두 나누어 담을 때, 같은 색 바둑돌끼리만 담을 가능성을 수로 나타내시오. (단, 두 접시의 모양과 크기가 같습니다.)

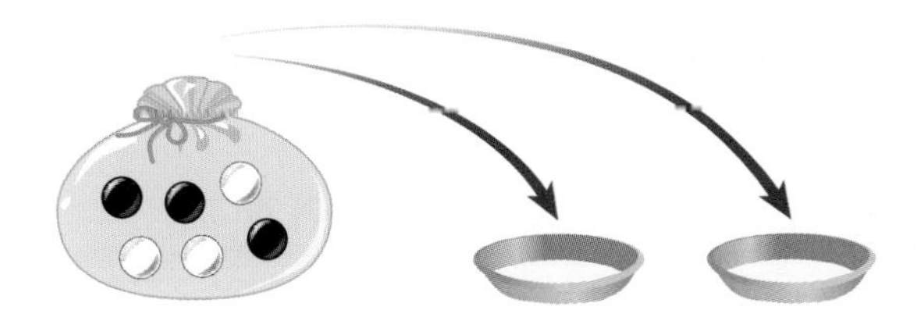

해결 전략 바둑돌을 두 접시에 똑같은 개수만큼 나누어 담은 그림을 그려 봅니다.

5

다음 도형은 점 ㅇ을 대칭의 중심으로 하는 점대칭도형입니다. 각 ㄱㄴㄷ은 몇 도입니까?

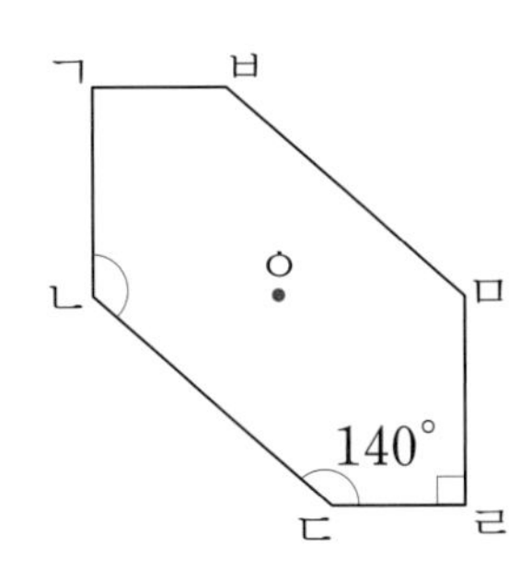

해결 전략 점대칭도형을 사각형 2개로 나누어 모든 각의 크기의 합을 구한 후 각 ㄱㄴㄷ의 크기를 구합니다.

그림을 그려 해결하기

6 밑변의 길이가 12 cm, 높이가 8 cm인 평행사변형 3개를 오른쪽과 같이 겹쳐서 그렸습니다. 색칠한 부분의 넓이는 몇 cm^2입니까?

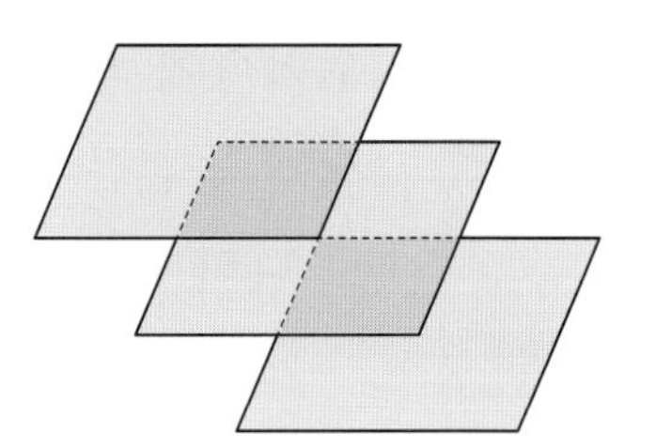

해결 전략 색칠한 부분을 겹쳐진 평행사변형으로 나누어 봅니다.

7 추 ㉯의 무게는 추 ㉮의 무게보다 $2\frac{3}{4}$ kg 더 무겁고, 추 ㉰의 무게는 추 ㉯의 무게보다 $1\frac{1}{2}$ kg 더 가볍습니다. 추 ㉮, ㉯, ㉰의 무게의 합이 $6\frac{2}{5}$ kg일 때 추 ㉮의 무게는 몇 kg입니까?

해결 전략 추 ㉮, ㉯, ㉰의 무게 사이의 관계를 그림으로 나타낸 후 추 ㉮의 무게를 구합니다.

8 어떤 자연수를 버림, 반올림하여 각각 백의 자리까지 나타냈더니 모두 3000이 되었습니다. 어떤 수가 될 수 있는 수는 모두 몇 개입니까?

해결 전략 버림, 반올림하여 백의 자리까지 나타냈을 때 3000이 되는 어떤 수의 범위를 각각 구한 후 수직선에 나타내 봅니다.

바른답 • 알찬풀이 07쪽

9

다음과 같이 한 변의 길이가 50 cm인 정사각형 모양의 종이에서 색칠한 부분을 오려 내고 접어서 직육면체를 만들었습니다. 직육면체의 겨냥도에서 보이는 모서리의 길이의 합은 몇 cm입니까?

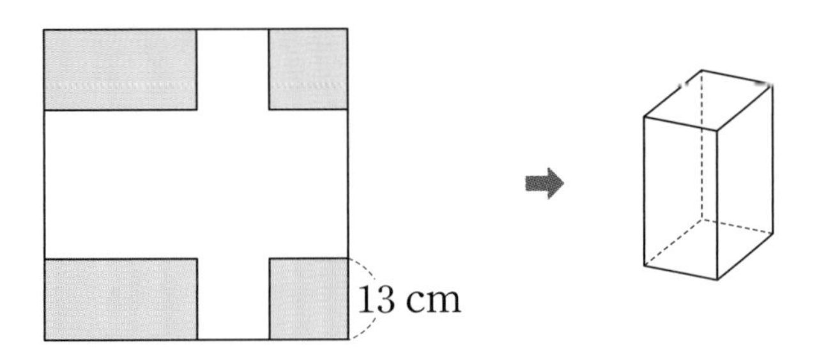

해결 전략 직육면체의 전개도를 그려 각 모서리의 길이를 구합니다.

10

한 변의 길이가 10 cm인 정사각형 모양의 엽서 24장을 겹치지 않게 빈틈없이 이어 붙여 직사각형을 만들려고 합니다. 만들 수 있는 직사각형 중 둘레가 가장 짧을 때의 둘레는 몇 cm입니까?

정사각형 모양의 엽서를 이어 붙인 모양을 그린 후 둘레가 가장 짧을 때의 둘레를 구합니다.

도전, 창의사고력

왼쪽 명령어 에 따라 로봇이 직육면체의 겨냥도와 전개도를 완성합니다. 명령어 의 □ 안에 알맞은 수를 써넣고, 직육면체의 겨냥도와 전개도를 완성하시오.

(1) 명령어 에 따라 직육면체의 겨냥도 그리기

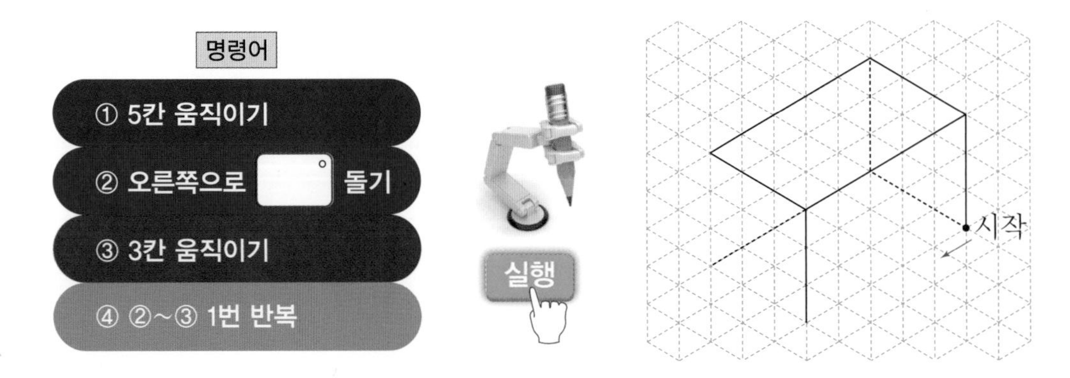

(2) 명령어 에 따라 직육면체의 전개도 그리기

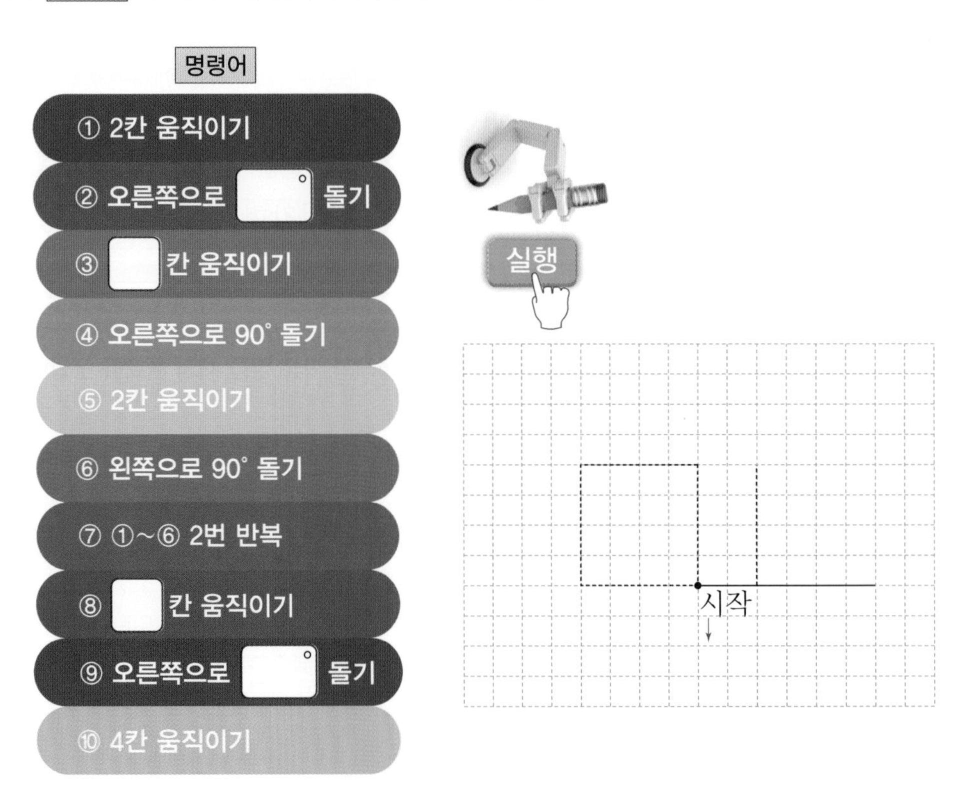

명령어
① 2칸 움직이기
② 오른쪽으로 □ 돌기
③ □ 칸 움직이기
④ 오른쪽으로 90° 돌기
⑤ 2칸 움직이기
⑥ 왼쪽으로 90° 돌기
⑦ ①~⑥ 2번 반복
⑧ □ 칸 움직이기
⑨ 오른쪽으로 □ 돌기
⑩ 4칸 움직이기
실행
시작

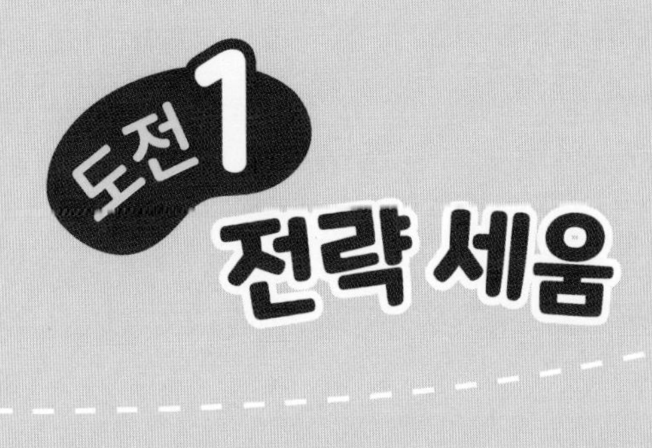

표를 만들어 해결하기

표를 만들어 해결하기

1

지우는 컴퓨터의 비밀번호를 다음 네 자리 수로 설정했습니다. 네 자리 수가 3의 배수일 때 ■에 들어갈 수 있는 숫자를 모두 구하시오.

43■7

문제 분석

구하려는 것에 밑줄을 긋고 주어진 조건을 정리해 보시오.

- 컴퓨터의 비밀번호는 □의 배수입니다.
- 주어진 네 자리 수: □ □ ■ □

해결 전략

- 3의 배수는 각 자리 숫자의 합이 □의 배수인 수입니다.
- ■에 들어갈 수 있는 숫자에 따라 각 자리 숫자의 합을 표에 나타내 봅니다.

풀이

❶ ■에 0부터 9까지의 수를 넣었을 때 각 자리 숫자의 합 알아보기

■	0	1	2	3	4	5	6	7	8	9
각 자리 숫자의 합	14	15								

❷ ■에 들어갈 수 있는 숫자 모두 구하기

❶의 표에서 각 자리 숫자의 합이 3의 배수인 경우는 15, □, □로 ■가 각각 1, □, □일 때입니다.

따라서 ■에 들어갈 수 있는 숫자는 1, □, □입니다.

답 □, □, □

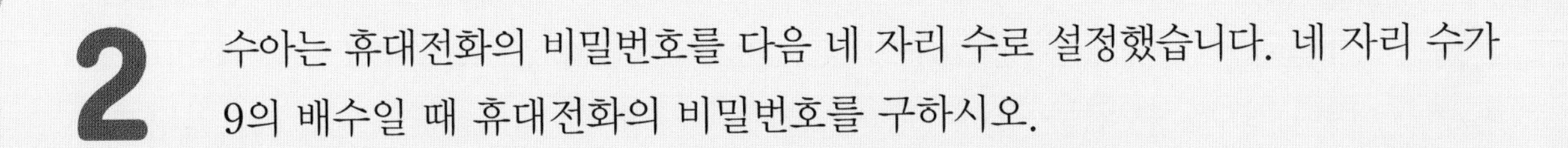

2 수아는 휴대전화의 비밀번호를 다음 네 자리 수로 설정했습니다. 네 자리 수가 9의 배수일 때 휴대전화의 비밀번호를 구하시오.

58▲9

문제 분석

구하려는 것에 밑줄을 긋고 주어진 조건을 정리해 보시오.

- 휴대전화의 비밀번호는 □의 배수입니다.
- 주어진 네 자리 수: □ □ ▲ □

해결 전략

- 9의 배수는 각 자리 숫자의 합이 □의 배수인 수입니다.
- ▲에 들어갈 수 있는 숫자에 따라 각 자리 숫자의 합을 표에 나타내 봅니다.

풀이

❶ ▲에 0부터 9까지의 수를 넣었을 때 각 자리 숫자의 합 알아보기

❷ 휴대전화의 비밀번호 구하기

답

3 가로와 세로가 각각 자연수이고 넓이가 36 cm^2인 직사각형을 그리려고 합니다. 그릴 수 있는 직사각형 중 둘레가 가장 길 때의 둘레는 몇 cm입니까?

문제 분석

구하려는 것에 밑줄을 긋고 주어진 조건을 정리해 보시오.

- 직사각형의 가로와 세로는 각각 ☐입니다.
- 직사각형의 넓이: ☐ cm^2

해결 전략

- (직사각형의 넓이)=(가로)×(세로)이므로 넓이가 ☐ cm^2인 직사각형의 가로와 세로는 각각 36의 (약수 , 배수)입니다.
- 곱이 ☐이 되는 두 자연수를 찾아 각각 직사각형의 가로와 세로로 두고 직사각형의 둘레를 구합니다.

풀이

❶ 36의 약수 모두 구하기

1, 2, 3, 4, 6, ☐, ☐, ☐, ☐

❷ 직사각형의 넓이가 36 cm^2가 되도록 표 만들기

가로 (cm)	1	2	3	4					
세로 (cm)	36	18							
둘레 (cm)									

❸ 그릴 수 있는 직사각형 중 둘레가 가장 길 때의 둘레는 몇 cm인지 구하기

❷의 표에서 둘레가 가장 긴 직사각형의 둘레를 찾으면 ☐ cm입니다.

답 ☐ cm

바른답 • 알찬풀이 09쪽

4

가로와 세로가 각각 자연수이고 넓이가 48 cm^2인 직사각형을 그리려고 합니다. 그릴 수 있는 직사각형 중 둘레가 가장 짧을 때의 둘레는 몇 cm입니까?

문제 분석

구하려는 것에 밑줄을 긋고 주어진 조건을 정리해 보시오.

- 직사각형의 가로와 세로는 각각 [   ]입니다.
- 직사각형의 넓이: [   ] cm^2

해결 전략

- (직사각형의 넓이)=(가로)×(세로)이므로 넓이가 [   ] cm^2인 직사각형의 가로와 세로는 각각 48의 (약수 , 배수)입니다.
- 곱이 [   ]이 되는 두 자연수를 찾아 각각 직사각형의 가로와 세로로 두고 직사각형의 둘레를 구합니다.

풀이

① 48의 약수 모두 구하기

② 직사각형의 넓이가 48 cm^2가 되도록 표 만들기

③ 그릴 수 있는 직사각형 중 둘레가 가장 짧을 때의 둘레는 몇 cm인지 구하기

답

5

다음은 규칙에 따라 놓은 탁자와 의자를 나타낸 그림입니다. 탁자가 8개일 때 필요한 의자는 몇 개입니까?

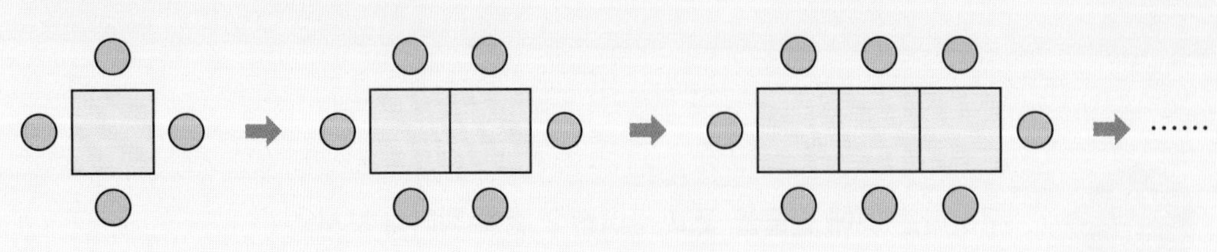

문제 분석

구하려는 것에 밑줄을 긋고 주어진 조건을 정리해 보시오.

규칙에 따라 놓은 탁자와 의자를 나타낸 그림

해결 전략

탁자의 수와 의자의 수를 표로 나타내어 탁자의 수와 의자의 수 사이의 대응 관계를 알아봅니다.

풀이

① 탁자의 수와 의자의 수 사이의 대응 관계를 표를 이용하여 알아보기

탁자의 수(개)	1	2	3	4	……
의자의 수(개)	4	6			……

탁자의 수가 1개씩 늘어날 때마다 의자의 수는 □개씩 늘어납니다.

➡ 탁자의 수를 ■, 의자의 수를 ▲라고 할 때 두 양 사이의 대응 관계를 식으로 나타내면 ■×2+□=▲입니다.

② 탁자가 8개일 때 필요한 의자는 몇 개인지 구하기

■=8일 때 ▲=□×2+□=□입니다.

➡ 탁자가 8개일 때 의자는 □개 필요합니다.

답 □개

바른답 • 알찬풀이 09쪽

6

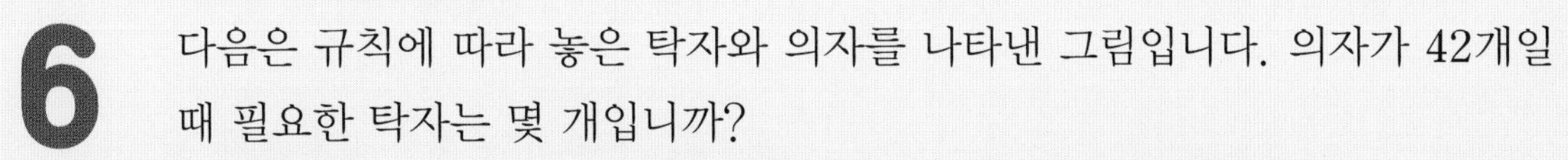

다음은 규칙에 따라 놓은 탁자와 의자를 나타낸 그림입니다. 의자가 42개일 때 필요한 탁자는 몇 개입니까?

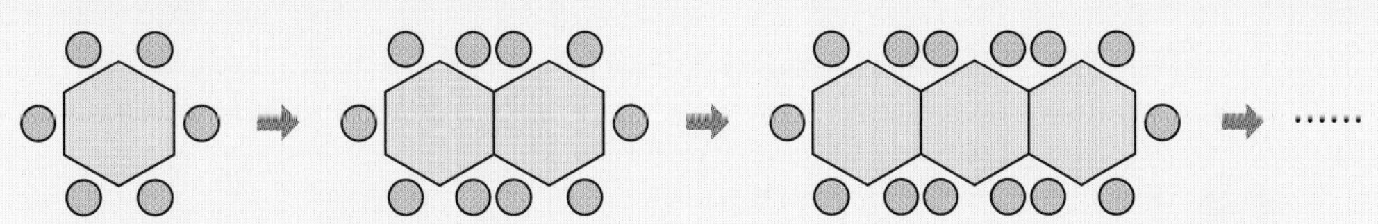

구하려는 것에 밑줄을 긋고 주어진 조건을 정리해 보시오.

규칙에 따라 놓은 탁자와 의자를 나타낸 그림

탁자의 수와 의자의 수를 표로 나타내어 탁자의 수와 의자의 수 사이의 대응 관계를 알아봅니다.

풀이

1 탁자의 수와 의자의 수 사이의 대응 관계를 표를 이용하여 알아보기

2 의자가 42개일 때 필요한 탁자는 몇 개인지 구하기

답

1 다음을 보고 ㉠+㉡을 구하시오. (단, ㉠과 ㉡은 자연수입니다.)

$$\frac{1}{㉠} \times \frac{1}{㉡} = \frac{1}{28}, \quad ㉠-㉡=3$$

해결 전략 먼저 $\frac{1}{㉠} \times \frac{1}{㉡} = \frac{1}{28}$을 만족하는 ㉠, ㉡의 값을 구합니다.

2 서아는 600원짜리 과자를 팔아서 1400원짜리 빵을 사려고 합니다. 과자를 판 돈으로 빵을 모두 사고 남는 돈이 없게 하려면 과자를 적어도 몇 개 팔아야 합니까?

해결 전략 판 과자의 수와 산 빵의 수 사이의 대응 관계를 표로 나타내 봅니다.

3 문구점에서 1200원짜리 색연필 한 자루를 팔 때마다 색연필값의 0.25를 이익으로 얻는다고 합니다. 색연필을 팔아 얻은 이익이 2700원일 때 판 색연필은 몇 자루입니까?

해결 전략 표를 만들어 판 색연필의 수에 따라 얻은 이익을 각각 구합니다.

바른답 • 알찬풀이 10쪽

4 넓이가 77 cm^2인 삼각형의 밑변의 길이와 높이의 합이 25 cm라고 합니다. 밑변의 길이가 높이보다 더 길다고 할 때 삼각형의 밑변의 길이와 높이의 차는 몇 cm입니까? (단, 밑변의 길이와 높이는 각각 자연수입니다.)

해결 전략 합이 25가 되는 두 자연수를 각각 삼각형의 밑변의 길이와 높이로 두고, 각 경우에 삼각형의 넓이를 구합니다.

5 규칙에 따라 수를 늘어놓았습니다. 25째 수를 구하시오.

2, 5, 8, 11, 14……

해결 전략 배열 순서와 수를 표로 나타내어 배열 순서와 수 사이의 대응 관계를 찾아봅니다.

6 두 자연수 가와 나의 최대공약수가 12이고, 최소공배수가 360입니다. 가와 나의 차가 가장 작을 때 가와 나를 각각 구하시오. (단, 가는 나보다 큽니다.)

해결 전략 가와 나의 최대공약수를 이용하여 최소공배수를 나타내 봅니다.

7 500원짜리 동전 3개를 던졌을 때, 모두 같은 면이 나올 가능성을 기약분수로 나타내시오.

해결 전략 500원짜리 동전 3개를 던졌을 때 나오는 경우를 표로 나타내 봅니다.

8 성냥개비로 다음과 같이 정삼각형을 만들고 있습니다. 정삼각형을 15개 만드는 데 필요한 성냥개비는 몇 개입니까?

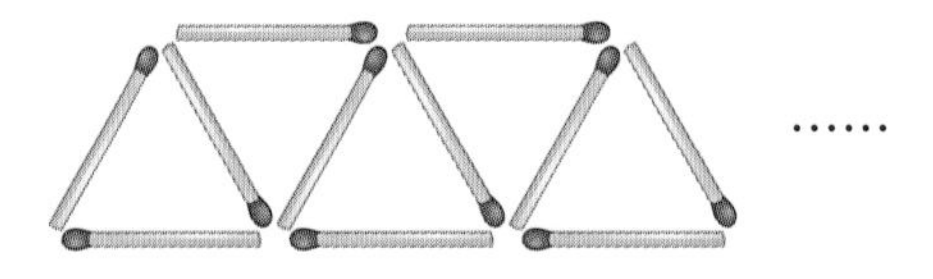

해결 전략 만든 정삼각형의 수와 필요한 성냥개비의 수 사이의 대응 관계를 표로 나타내 봅니다.

9

아영이는 서로 다른 자음 2개와 모음 1개를 모두 사용하여 받침이 있는 한 글자를 만들었습니다. 아영이가 만들 수 있는 글자 중에서 점대칭도형이 되는 글자를 모두 쓰시오. (단, *이중모음은 생각하지 않습니다.) *이중모음: 연속되는 두 개의 서로 다른 모음이 한 음절을 이루는 두 모음

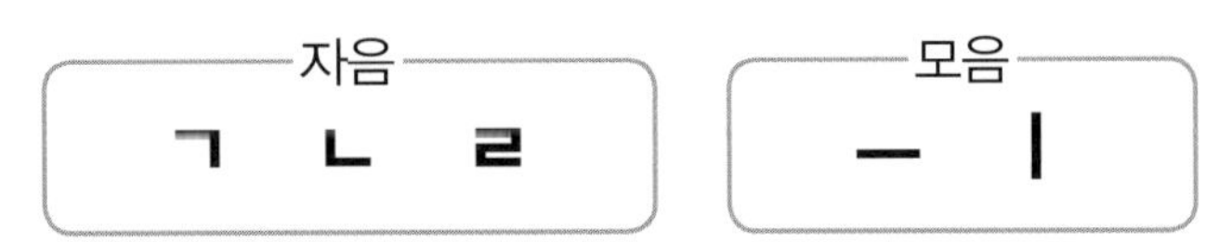

해결 전략 표를 만들어 만들 수 있는 글자를 알아봅니다.

10

어느 제과점에서 설탕 50 kg이 필요하다고 합니다. 설탕은 두 종류로 포장하여 팔고 있는데 2 kg짜리 한 봉지의 값은 850원이고, 8 kg짜리 한 봉지의 값은 3200원입니다. 설탕을 가장 싸게 사려면 2 kg짜리와 8 kg짜리를 각각 몇 봉지씩 사야 하는지 구하시오.

2 kg짜리 설탕과 8 kg짜리 설탕의 합이 50 kg인 경우를 표로 나타내 봅니다.

도전, 창의사고력

세 명의 영화 평론가 미래, 지수, 영우가 상영 예정작인 A, B, C, D 4개의 영화 관객 수의 순위를 다음과 같이 예상하였습니다.

A 영화가 3위,
C 영화가 1위를
할 것입니다.
B 영화가 1위,
D 영화가 4위를
할 것입니다.
D 영화가 2위를
할 것입니다.
미래
지수
영우

영화 상영기간이 끝나고 영화 관객 수를 확인해 보니, 미래, 지수, 영우 중에서 두 사람의 예상만 맞았다고 합니다. 4개의 영화 A, B, C, D의 관객 수가 모두 다르다고 할 때, 영화 관객 수의 순위를 구하시오.

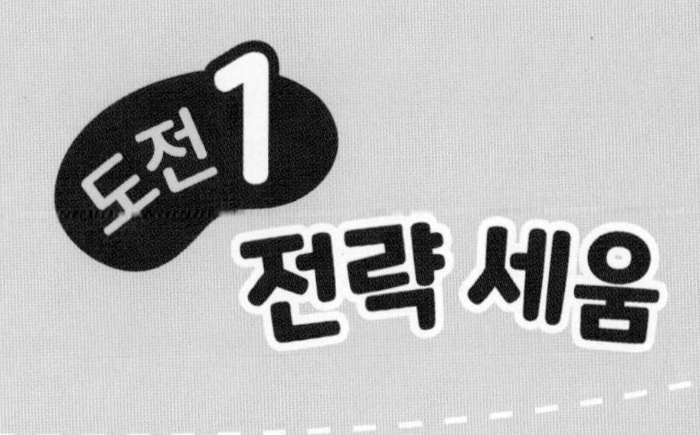

거꾸로 풀어 해결하기

거꾸로 풀어 해결하기

1

다음 식의 ■에 어떤 수를 넣고 계산했더니 13이 나왔습니다. ■에 알맞은 수를 구하시오.

$126\div7-(■\times3+1)+40\div5$

문제 분석

구하려는 것에 밑줄을 긋고 주어진 조건을 정리해 보시오.

$126\div7-(■\times3+1)+40\div5=$ □

- 계산할 수 있는 부분을 먼저 계산하여 식을 간단하게 만듭니다.
- 계산을 한 단계씩 거꾸로 풀어 ■에 알맞은 수를 구합니다.

풀이

① 계산할 수 있는 부분 계산하여 식을 간단하게 만들기

$126\div7=$ □, $40\div5=$ □이므로

$126\div7-(■\times3+1)+40\div5=$ □

➡ □ $-(■\times3+1)+$ □ $=$ □

② ■에 알맞은 수 구하기

□ $-(■\times3+1)+$ □ $=$ □에서

□ $-(■\times3+1)=$ □

$■\times3+1=$ □

$■\times3=$ □

$■=$ □

답 □

바른답 • 알찬풀이 12쪽

2

다음 식에서 ●에 알맞은 수를 구하시오.

• $(75-▲)\div 4\times 7=56$

• $215\div ▲+6\times ●=47$

구하려는 것에 밑줄을 긋고 주어진 조건을 정리해 보시오.

• $(75-▲)\div 4\times 7=$ □

• $215\div ▲+6\times ●=$ □

계산을 한 단계씩 거꾸로 풀어 첫 번째 식에서 (▲ , ●)에 알맞은 수를 구한 후 두 번째 식에서 (▲ , ●)에 알맞은 수를 구합니다.

풀이

① ▲에 알맞은 수 구하기

② ●에 알맞은 수 구하기

답

거꾸로 풀어 해결하기

3

두 친구가 문자로 같은 분수를 설명하고 있습니다. 두 친구가 설명하는 분수를 구하시오.

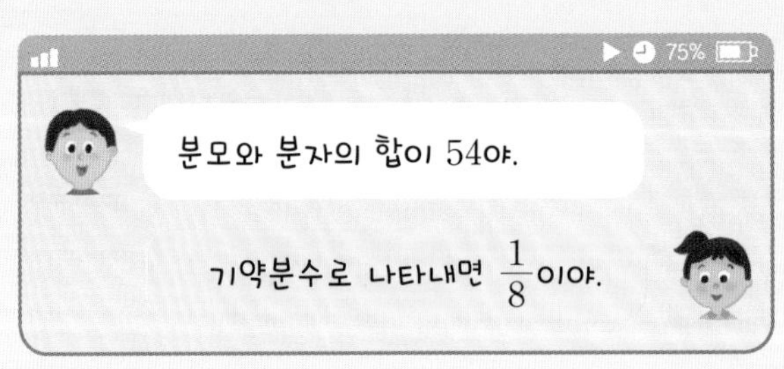

문제 분석 구하려는 것에 밑줄을 긋고 주어진 조건을 정리해 보시오.

- 분모와 분자의 합: ☐
- 기약분수로 나타낸 분수: ☐

해결 전략 두 친구가 설명하는 분수의 분모와 분자의 (합 , 차)은 기약분수의 분모와 분자의 (합 , 차)의 몇 배인지를 구합니다.

풀이

❶ 두 친구가 설명하는 분수의 분모와 분자의 합은 기약분수의 분모와 분자의 합의 몇 배인지 구하기

$\frac{1}{8}$의 분모와 분자의 합은 $8+1=$☐이므로

54는 $\frac{1}{8}$의 분모와 분자의 합의 $54\div$☐$=$☐(배)입니다.

❷ 두 친구가 설명하는 분수 구하기

$\frac{1}{8}$의 분모와 분자에 각각 ☐을 곱하면 $\frac{1}{8}=\frac{1\times☐}{8\times☐}=$☐입니다.

따라서 두 친구가 설명하는 분수는 ☐입니다.

답 ☐

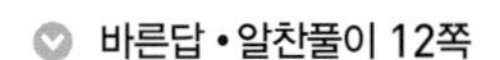

바른답 • 알찬풀이 12쪽

4

두 친구가 같은 분수를 설명하고 있습니다. 두 친구가 설명하는 분수를 구하시오.

분모와 분자의 차가 24야.

기약분수로 나타내면 $\frac{4}{7}$가 돼.

문제 분석

구하려는 것에 밑줄을 긋고 주어진 조건을 정리해 보시오.

• 분모와 분자의 차: ☐ • 기약분수로 나타낸 분수: ☐

해결 전략

두 친구가 설명하는 분수의 분모와 분자의 (합 , 차)는 기약분수의 분모와 분자의 (합 , 차)의 몇 배인지를 구합니다.

풀이

① 두 친구가 설명하는 분수의 분모와 분자의 차는 기약분수의 분모와 분자의 차의 몇 배인지 구하기

② 두 친구가 설명하는 분수 구하기

답

5 점 ㅇ을 대칭의 중심으로 하는 오른쪽 점대칭도형을 완성하였더니 완성한 점대칭도형의 넓이는 224 cm^2였습니다. 모눈 한 칸의 한 변의 길이는 몇 cm입니까?

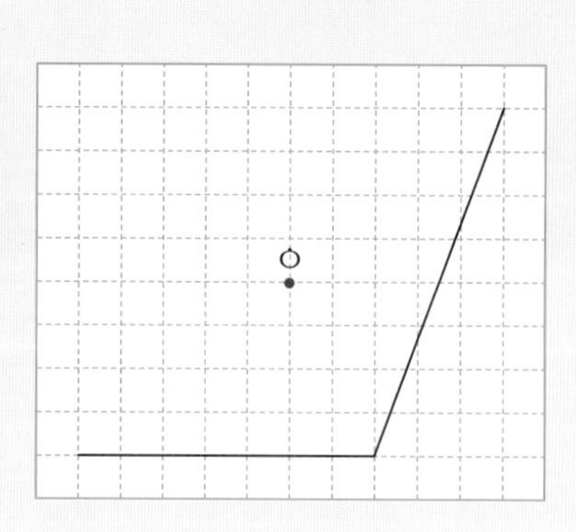

문제 분석 구하려는 것에 밑줄을 긋고 주어진 조건을 정리해 보시오.

- 점 ㅇ을 대칭의 중심으로 하는 (선대칭도형 , 점대칭도형)
- 완성한 점대칭도형의 넓이: □ cm^2

해결 전략 점대칭도형을 완성한 후 완성한 점대칭도형의 넓이를 이용하여 모눈 한 칸의 한 변의 길이를 구합니다.

풀이

❶ 점대칭도형 완성하기

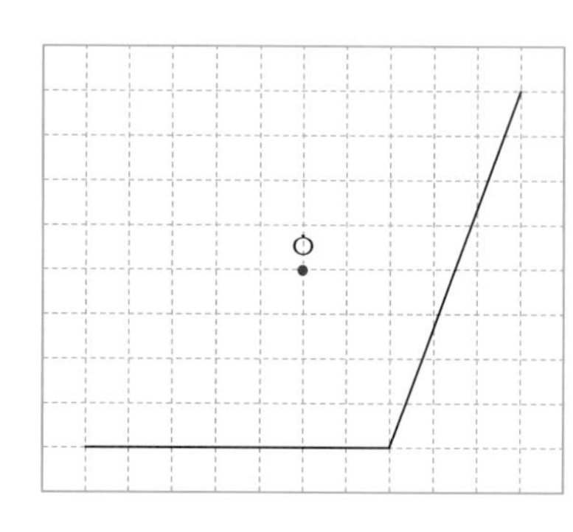

❷ 완성한 점대칭도형의 넓이가 224 cm^2일 때 모눈 한 칸의 넓이는 몇 cm^2인지 구하기

평행사변형의 밑변은 모눈 □칸, 높이는 모눈 □칸이므로

모눈 한 칸의 넓이를 ■ cm^2라고 하면

□×□×■=224, □×■=224, ■=□입니다.

❸ 모눈 한 칸의 한 변의 길이는 몇 cm인지 구하기

4=□×□이므로 모눈 한 칸의 한 변의 길이는 □ cm입니다.

답 □ cm

바른답 • 알찬풀이 13쪽

6

점 ㅇ을 대칭의 중심으로 하는 오른쪽 점대칭도형을 완성하였더니 완성한 점대칭도형의 넓이는 270 cm^2였습니다. 모눈 한 칸의 한 변의 길이는 몇 cm입니까?

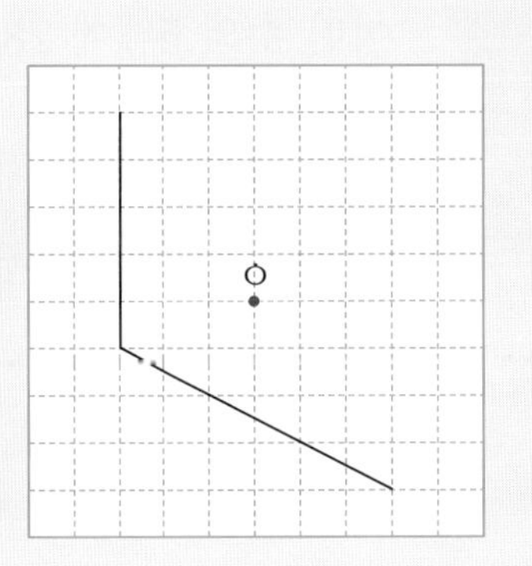

문제 분석 구하려는 것에 밑줄을 긋고 주어진 조건을 정리해 보시오.

- 점 ㅇ을 대칭의 중심으로 하는 (선대칭도형 , 점대칭도형)
- 완성한 점대칭도형의 넓이: ☐ cm^2

해결 전략 점대칭도형을 완성한 후 완성한 점대칭도형의 넓이를 이용하여 모눈 한 칸의 한 변의 길이를 구합니다.

풀이

① 점대칭도형 완성하기

② 완성한 점대칭도형의 넓이가 270 cm^2일 때 모눈 한 칸의 넓이는 몇 cm^2인지 구하기

③ 모눈 한 칸의 한 변의 길이는 몇 cm인지 구하기

답

거꾸로 풀어 해결하기

1 어떤 수의 5배에 28을 7로 나눈 몫을 더했더니 13과 3의 곱과 같았습니다. 어떤 수를 구하시오.

해결 전략 어떤 수를 □라고 하여 식을 만들어 봅니다.

2 두 수 중 왼쪽 수가 지워져서 보이지 않습니다. 지워진 수와 78의 최대공약수는 26이고 최소공배수는 156입니다. 지워진 수를 구하시오.

$$\begin{array}{r|rr} 26 & \blacksquare & 78 \\ \hline & ㉠ & 3 \end{array}$$

해결 전략 최소공배수가 156임을 이용하여 ㉠에 알맞은 수를 구한 후 지워진 수를 구합니다.

3 쌀통에 들어 있던 쌀 중에서 $4\frac{3}{4}$ kg을 떡 만드는 데 사용하고, $6\frac{3}{8}$ kg을 삼촌 댁에 드렸더니 $\frac{1}{2}$ kg이 남았습니다. 처음 쌀통에 들어 있던 쌀은 몇 kg입니까?

해결 전략 삼촌 댁에 드리기 전의 쌀의 무게를 구한 후 떡을 만들기 전의 쌀의 무게를 구합니다.

4

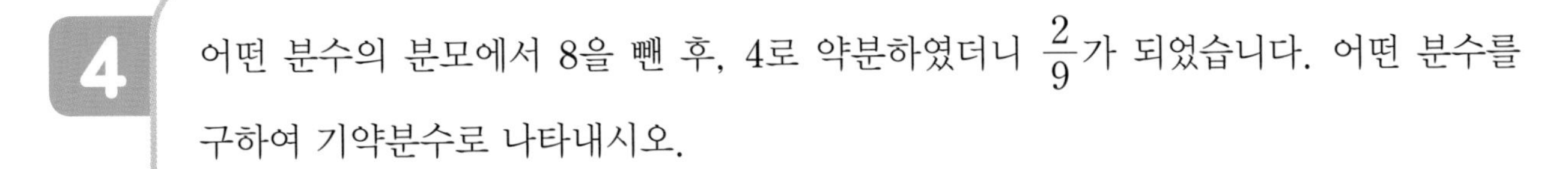

어떤 분수의 분모에서 8을 뺀 후, 4로 약분하였더니 $\frac{2}{9}$가 되었습니다. 어떤 분수를 구하여 기약분수로 나타내시오.

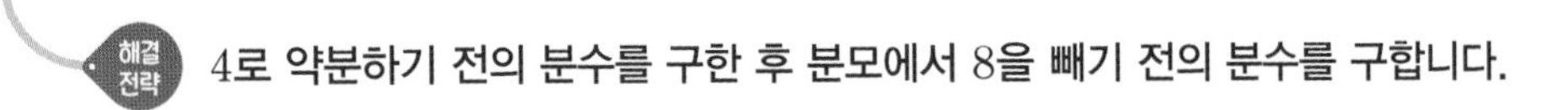

해결 전략 4로 약분하기 전의 분수를 구한 후 분모에서 8을 빼기 전의 분수를 구합니다.

5

넓이가 64 m^2이고, 세로는 가로의 4배인 직사각형 모양의 경작지가 있습니다. 이 직사각형 모양의 경작지의 둘레는 몇 m입니까?

해결 전략 (직사각형의 넓이)=(가로)×(세로)이므로 경작지의 가로를 □m라고 하여 식을 만들어 봅니다.

6

물통에 가득 담겨 있던 물을 1분에 1.2 L씩 일정하게 빼냈습니다. 물을 빼낸 지 10분 45초 후에 남은 물이 2.1 L였다면 처음 물통에 담겨 있던 물은 몇 L였습니까?

해결 전략
- 1초$=\frac{1}{60}$분임을 이용하여 10분 45초를 분 단위로 나타내 봅니다.
- 처음 물통에 담겨 있던 물의 양을 □L라고 하여 식을 만들어 봅니다.

거꾸로 풀어 해결하기

7 어떤 수에 15를 더한 후 올림하여 십의 자리까지 나타내었더니 370이 되었습니다. 어떤 수의 범위를 수직선에 나타내어 보시오.

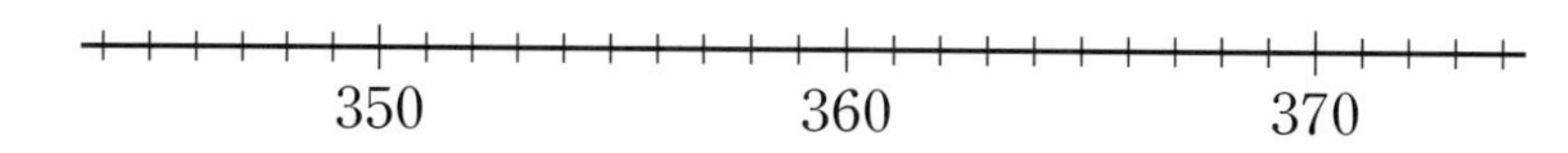

해결 전략 올림을 하여 십의 자리까지 나타내었을 때 370이 되는 수의 범위를 구합니다.

8 직육면체의 전개도의 둘레는 76 cm입니다. □ 안에 알맞은 수를 써넣으시오.

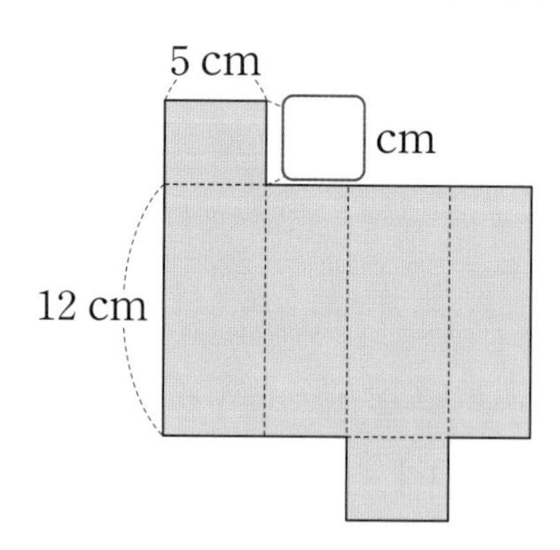

해결 전략 직육면체에서 붙어 있던 모서리의 길이는 같음을 이용하여 5 cm, 12 cm, cm인 모서리가 각각 몇 개씩 있는지 알아봅니다.

9 다음은 민수네 학교의 4학년, 5학년, 6학년 반별 학생 수를 나타낸 표입니다. 세 학년의 학생 수의 평균이 같을 때, 5학년 2반의 학생 수와 4학년 3반의 학생 수의 차는 몇 명인지 구하시오. (단, ×표 한 반은 학생이 없습니다.)

반별 학생 수

학년 반	4학년	5학년	6학년
1반	22명	24명	23명
2반	29명		28명
3반		26명	25명
4반	×	25명	22명
5반	×	×	27명

해결 전략 6학년 학생 수의 평균을 구한 후 5학년 2반과 4학년 3반의 학생 수를 각각 구합니다.

10 다음과 같이 모양과 크기가 같은 두 개의 평행사변형이 겹쳐져 있습니다. 사다리꼴 ㄱㄴㅁㄹ의 넓이는 몇 cm^2입니까?

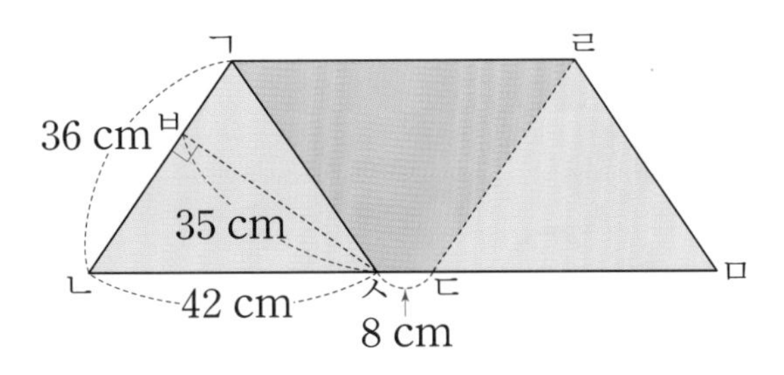

해결 전략 밑변이 36 cm일 때 삼각형 ㄱㄴㅅ의 넓이와 밑변이 42 cm일 때 삼각형 ㄱㄴㅅ의 넓이가 같음을 이용하여 사다리꼴 ㄱㄴㅁㄹ의 높이를 구합니다.

도전, 창의사고력

스포츠 경기 진행 방식에는 리그와 토너먼트가 있습니다. 리그는 경기에 참가한 모든 팀이 서로 한 번 이상 겨루어 가장 많이 이긴 팀이 우승하는 방식입니다. 토너먼트는 일정한 대진에 의하여 승리한 팀만 2회전, 3회전으로 올라가 마지막에 두 팀이 대전하여 우승을 겨루는 방식입니다.

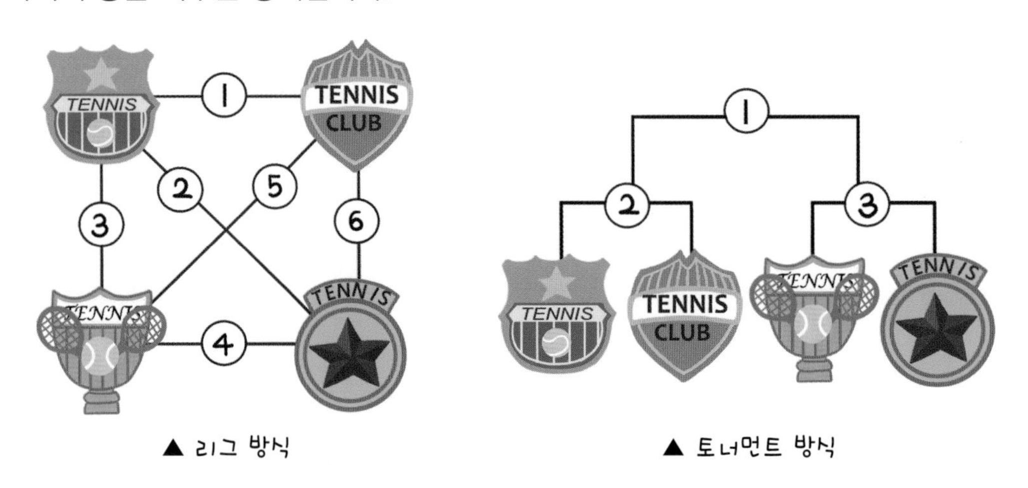

▲ 리그 방식　　　▲ 토너먼트 방식

탱탱 테니스 대회에 참가한 모든 팀이 토너먼트 방식으로 경기를 하면 모두 7번의 경기를 해야 합니다. 이 테니스 대회에 참가한 모든 팀이 경기 진행 방식을 리그 방식으로 바꾼다면 경기를 모두 몇 번 해야 하는지 구하시오.

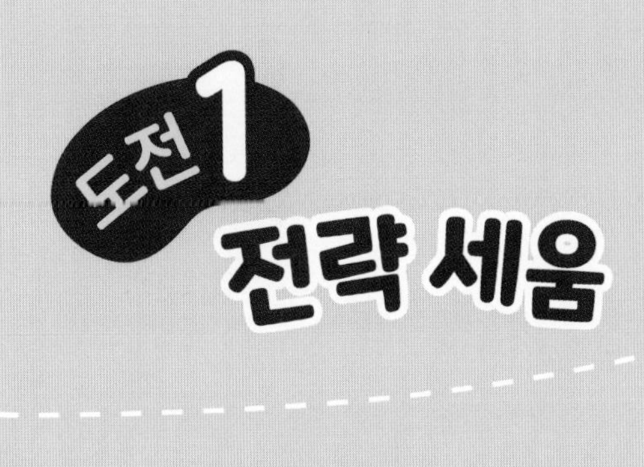

규칙을 찾아 해결하기

1

0.8을 50번 곱했을 때 곱의 소수 50째 자리 숫자를 구하시오.

$$\underbrace{0.8\times0.8\times0.8\times\cdots\cdots\times0.8\times0.8\times0.8}_{50번}$$

문제 분석

구하려는 것에 밑줄을 긋고 주어진 조건을 정리해 보시오.

☐을 50번 곱한 곱셈식

해결 전략

0.8을 여러 번 곱했을 때 곱의 자릿수와 소수점 아래 끝자리 숫자의 규칙을 찾아 0.8을 ☐번 곱했을 때 소수 ☐째 자리 숫자를 구합니다.

풀이

① 0.8을 여러 번 곱했을 때 규칙 찾기

$0.8=0.8$ ➡ 소수 한 자리 수

$0.8\times0.8=0.64$ ➡ 소수 ☐ 자리 수

$0.8\times0.8\times0.8=$ ☐ ➡ 소수 ☐ 자리 수

$0.8\times0.8\times0.8\times0.8=$ ☐ ➡ 소수 ☐ 자리 수

$0.8\times0.8\times0.8\times0.8\times0.8=$ ☐ ➡ 소수 ☐ 자리 수

⋮

➡ • 0.8을 ■번 곱했을 때 곱의 자릿수는 소수 ■ 자리 수입니다.

• 0.8을 여러 번 곱했을 때 소수점 아래 끝자리 숫자는 8, 4, ☐, ☐이 반복되는 규칙입니다.

② 0.8을 50번 곱했을 때 소수 50째 자리 숫자 구하기

$50\div4=$ ☐ ⋯ ☐이므로 0.8을 50번 곱했을 때 소수점 아래 끝자리 숫자는 0.8을 ☐번 곱했을 때 소수점 아래 끝자리 숫자와 같습니다.

따라서 0.8을 50번 곱했을 때 소수 50째 자리 숫자는 ☐입니다.

답 ☐

바른답 • 알찬풀이 15쪽

2 1.9를 99번 곱했을 때 곱의 소수 99째 자리 숫자를 구하시오.

$$\underbrace{1.9\times1.9\times1.9\times\cdots\cdots\times1.9\times1.9\times1.9}_{99번}$$

문제 분석 구하려는 것에 밑줄을 긋고 주어진 조건을 정리해 보시오.

☐를 99번 곱한 곱셈식

해결 전략 1.9를 여러 번 곱했을 때 곱의 자릿수와 소수점 아래 끝자리 숫자의 규칙을 찾아 1.9를 ☐번 곱했을 때 소수 ☐째 자리 숫자를 구합니다.

풀이

1 1.9를 여러 번 곱했을 때 규칙 찾기

2 1.9를 99번 곱했을 때 소수 99째 자리 숫자 구하기

답

3 둘레가 16 cm인 가장 작은 정사각형을 다음과 같은 규칙으로 계속 놓아가며 정사각형을 만들고 있습니다. 열째에 만들어지는 정사각형의 넓이는 몇 cm^2입니까?

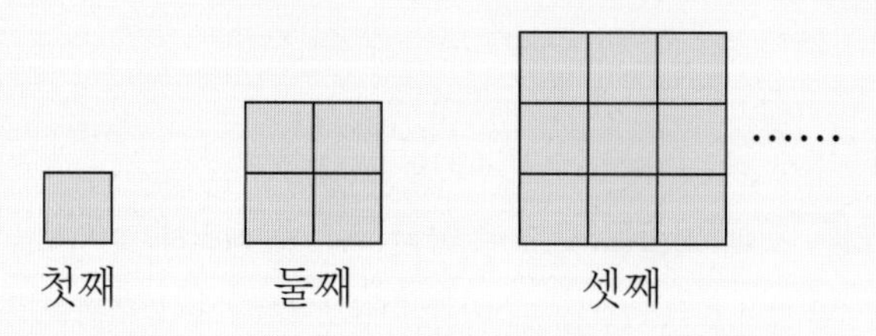

문제 분석 구하려는 것에 밑줄을 긋고 주어진 조건을 정리해 보시오.

- 가장 작은 정사각형의 둘레: ☐ cm
- 가장 작은 정사각형을 규칙에 따라 놓아가며 만든 정사각형

해결 전략

- 배열 순서와 가장 작은 정사각형의 수의 규칙을 찾아 열째에 만들어지는 정사각형에서 가장 작은 정사각형의 수를 구합니다.
- 가장 작은 정사각형의 한 변의 길이를 구한 후, 정사각형의 넓이를 구합니다.

풀이

❶ 열째에 만들어지는 정사각형에서 가장 작은 정사각형은 몇 개인지 구하기

가장 작은 정사각형의 수를 세어 보면

첫째: $1\times1=$☐(개), 둘째: $2\times2=$☐(개), 셋째: $3\times3=$☐(개)……

열째: ☐×☐=☐(개)

❷ 열째에 만들어지는 정사각형의 넓이는 몇 cm^2인지 구하기

가장 작은 정사각형의 한 변의 길이는 ☐÷4=☐(cm)이므로

가장 작은 정사각형 한 개의 넓이는 ☐×☐=☐(cm^2)입니다.

따라서 열째에 만들어지는 정사각형의 넓이는

☐×☐=☐(cm^2)입니다.

답 ☐ cm^2

바른답 • 알찬풀이 16쪽

4

둘레가 24 cm인 가장 작은 정사각형을 다음과 같은 규칙으로 계속 놓아가며 도형을 만들고 있습니다. 도형의 넓이가 756 cm^2일 때는 몇 째 도형입니까?

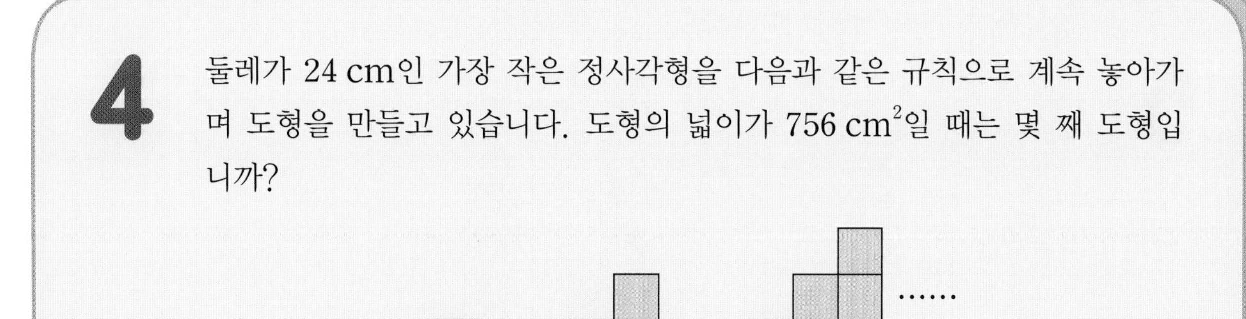

구하려는 것에 밑줄을 긋고 주어진 조건을 정리해 보시오.

• 가장 작은 정사각형의 둘레: ☐ cm

• 가장 작은 정사각형을 규칙에 따라 놓아가며 만든 도형

• 가장 작은 정사각형의 한 변의 길이를 구한 후, 정사각형의 넓이를 구합니다.

• 배열 순서와 가장 작은 정사각형의 수의 규칙을 찾아 도형의 넓이가 ☐ cm^2일 때는 몇 째 도형인지 구합니다.

풀이

① 가장 작은 정사각형의 한 개의 넓이는 몇 cm^2인지 구하기

② 가장 작은 정사각형의 수의 규칙 찾기

③ 도형의 넓이가 756 cm^2일 때는 몇 째 도형인지 구하기

답

5 구슬을 일정한 규칙에 따라 늘어놓았습니다. 첫째부터 15째까지 늘어놓은 구슬은 모두 몇 개입니까?

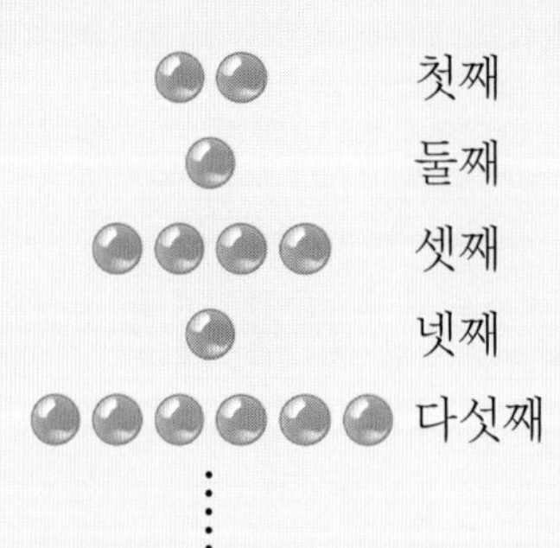

문제 분석 구하려는 것에 밑줄을 긋고 주어진 조건을 정리해 보시오.

일정한 규칙에 따라 늘어놓은 구슬

해결 전략 늘어놓은 구슬의 규칙을 찾아 첫째부터 □째까지 늘어놓은 구슬의 전체 개수를 구합니다.

풀이

① **늘어놓은 구슬의 규칙 찾기**

홀수째는 구슬이 2개, □개, □개……로 □개씩 늘어나고,

짝수째는 구슬이 항상 □개인 규칙입니다.

② **첫째부터 15째까지 늘어놓은 구슬은 모두 몇 개인지 구하기**

첫째부터 15째까지 홀수째에 늘어놓은 구슬은

2+4+6+□+□+□+□+□=□(개)이고,

첫째부터 15째까지 짝수째에 늘어놓은 구슬은

1+1+□+□+□+□+□=□(개)입니다.

따라서 첫째부터 15째까지 늘어놓은 구슬은 모두

□+□=□(개)입니다.

답 □개

바른답•알찬풀이 16쪽

6

바둑돌을 일정한 규칙에 따라 늘어놓았습니다. 20째에 놓여진 바둑돌 중에서 흰색 바둑돌과 검은색 바둑돌은 각각 몇 개입니까?

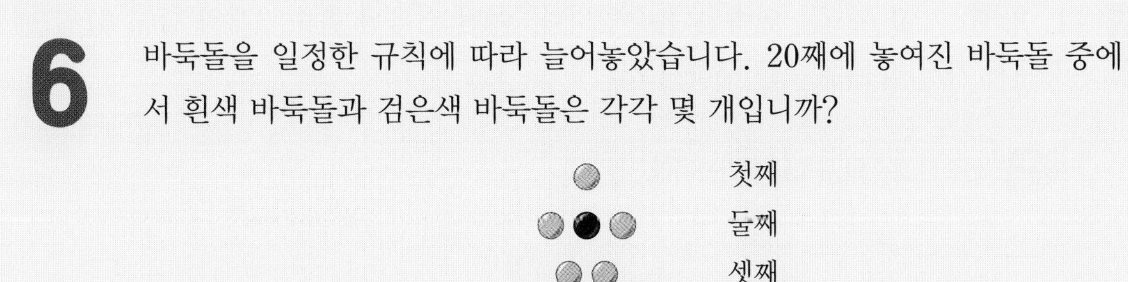

문제 분석

구하려는 것에 밑줄을 긋고 주어진 조건을 정리해 보시오.

일정한 규칙에 따라 늘어놓은 바둑돌

해결 전략

늘어놓은 바둑돌의 규칙을 찾아 ☐째에 놓여진 바둑돌 중에서 흰색 바둑돌과 검은색 바둑돌은 각각 몇 개인지 구합니다.

풀이

① 늘어놓은 바둑돌의 규칙 찾기

② 20째에 놓여진 바둑돌 중에서 흰색 바둑돌과 검은색 바둑돌은 각각 몇 개인지 구하기

답

1 1, 3, 5, 7, 9……는 연속된 홀수입니다. 어떤 연속된 홀수 3개의 합이 87일 때 이 중에서 가장 작은 홀수를 구하시오.

해결 전략 연속된 홀수의 규칙을 찾아봅니다.

2 다음과 같이 규칙에 따라 분수를 늘어놓았습니다. 일곱째 분수를 구하시오.

$$\frac{1}{108}, \frac{1}{36}, \frac{1}{12}, \frac{1}{4}, \frac{3}{4}\cdots\cdots$$

해결 전략 늘어놓은 분수를 통분하여 규칙을 찾아봅니다.

3 규칙에 따라 수 카드를 두 장씩 짝 지어 놓을 때 ㉠에 알맞은 수를 구하시오.

해결 전략 짝 지어 놓은 두 수의 규칙을 찾아봅니다.

4

다음과 같은 규칙으로 분수를 늘어놓았습니다. 여섯째 줄에 있는 분수들의 합과 일곱째 줄에 있는 분수들의 합의 차를 구하시오.

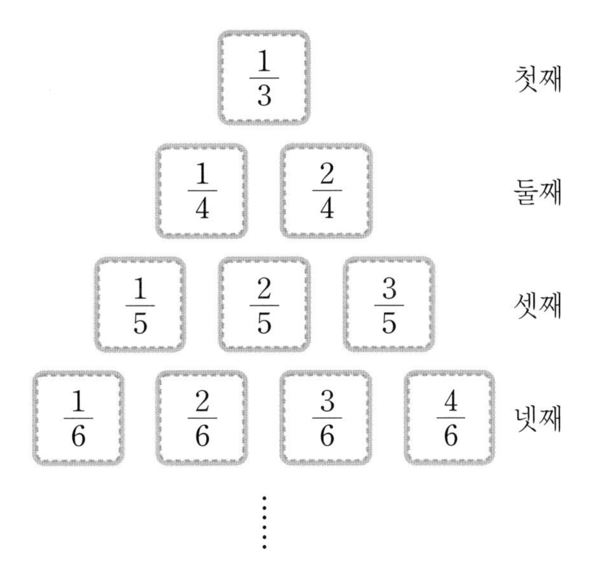

해결 전략 늘어놓은 분수의 규칙을 찾아 여섯째 줄과 일곱째 줄에 있는 분수들의 합을 구합니다.

5

한 변의 길이가 6 cm인 정육각형을 규칙에 따라 겹치지 않게 차례로 이어 붙여 도형을 만들고 있습니다. 정육각형 39개를 이어 붙인 도형의 둘레는 몇 cm입니까?

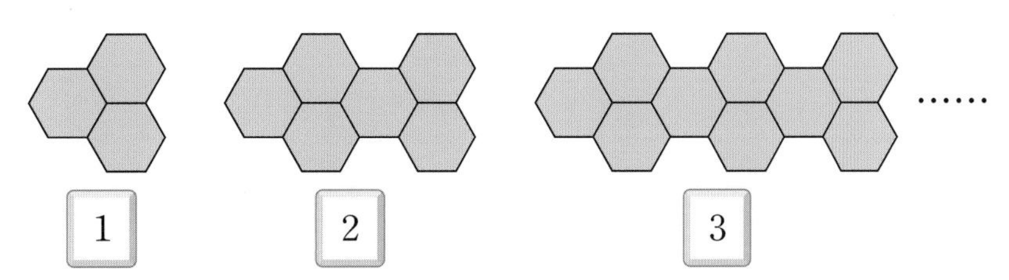

해결 전략 정육각형의 수와 도형의 변의 수의 규칙을 각각 찾아 도형의 둘레를 구합니다.

6 0.3을 100번 곱했을 때 곱의 소수 100째 자리 숫자를 구하시오.

해결 전략 0.3을 여러 번 곱했을 때 곱의 자릿수를 알아보고 소수점 아래 끝자리 숫자의 규칙을 찾아봅니다.

7 다음과 같은 다섯 자리 수를 2의 배수도 되고 3의 배수도 되게 만들려고 합니다. ♥에 알맞은 수를 모두 구하시오. (단, ♥는 같은 숫자입니다.)

6♥32♥

해결 전략 2의 배수가 되도록 ♥에 알맞은 수를 구한 후 만든 다섯 자리 수가 3의 배수가 되는지 확인해 봅니다.

8 다음과 같은 분자의 구조에 규칙을 정해 수를 써넣고 있습니다. 가, 나에 알맞은 수를 각각 구하시오.

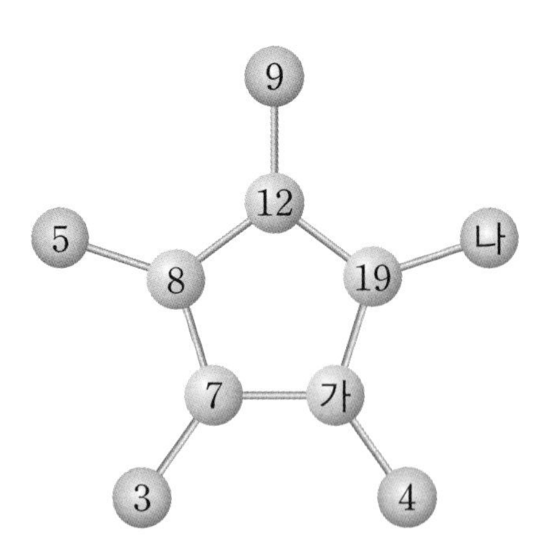

해결 전략 분자의 구조에 정해진 규칙을 찾아 가, 나에 알맞은 수를 각각 구합니다.

9 일정한 규칙으로 대칭인 도형을 그린 것입니다. 규칙에 따라 빈 곳의 도형을 완성하시오.

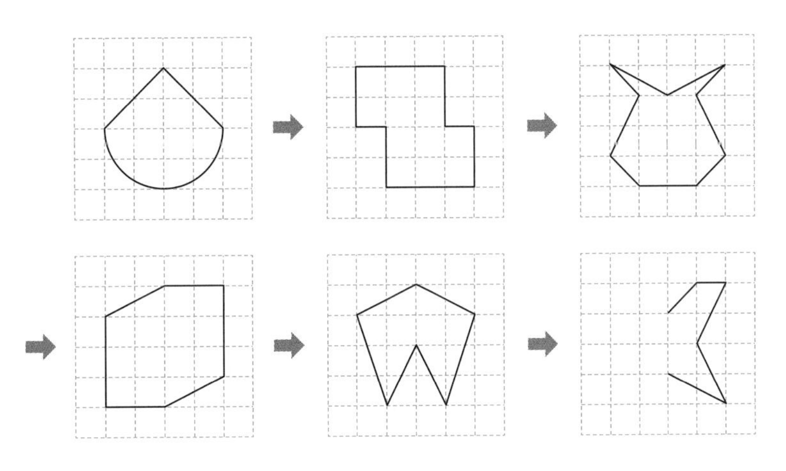

해결 전략 대칭인 도형의 규칙을 찾아 빈 곳의 도형을 완성합니다.

10 원 위에 점을 찍었을 때 그을 수 있는 선분을 그은 것입니다. 점 20개를 찍었을 때 그을 수 있는 선분은 모두 몇 개입니까?

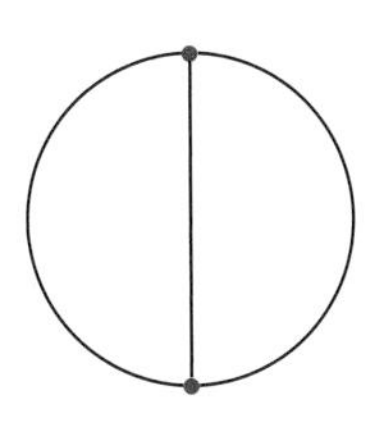 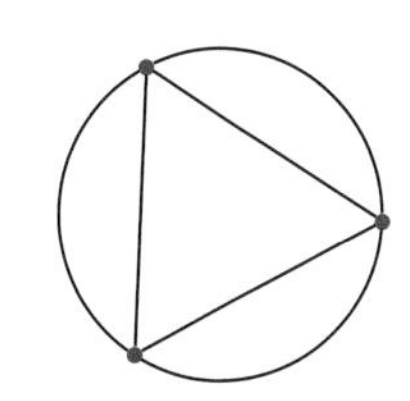 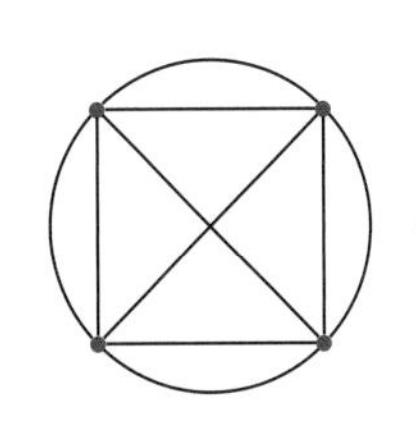 ……

해결 전략 찍은 점의 수와 그을 수 있는 선분의 수 사이의 규칙을 찾아봅니다.

도전, 창의사고력

지윤이는 다음과 같이 한 변의 길이가 1 cm인 정삼각형의 각 변의 가운데 점을 이어 정삼각형을 그리고, 그린 정삼각형을 제외한 3개의 정삼각형에 대해서도 이 과정을 반복하여 *프랙털 구조를 만들었습니다. 물음에 답하시오.

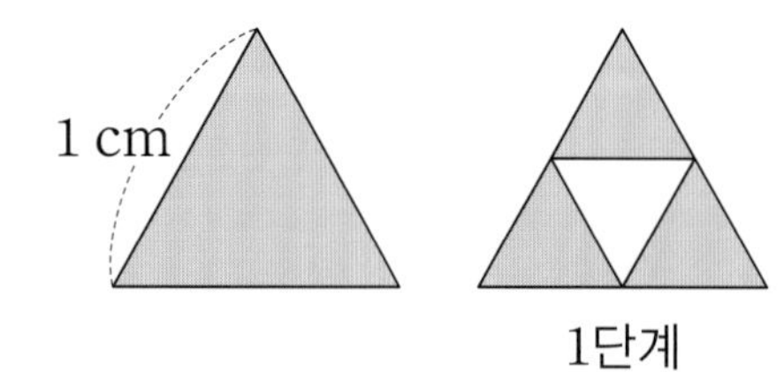

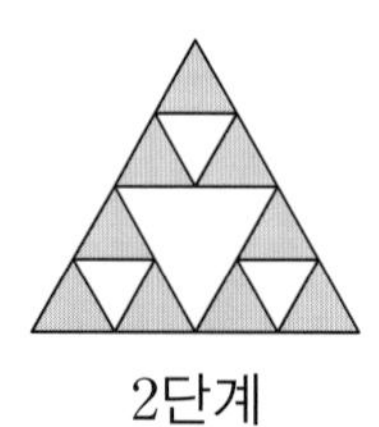

1단계 2단계 3단계

(1) 색칠한 정삼각형 한 개의 한 변의 길이의 규칙을 쓰시오.

(2) 색칠한 정삼각형의 수의 규칙을 쓰시오.

(3) 5단계에서 색칠한 부분의 둘레는 몇 cm인지 구하시오.

고사리와 같은 양치류 식물, 공작의 깃털 무늬, 눈 결정 모양과 같이 작은 구조가 전체 구조와 닮은 형태로 되풀이되는 구조를 자연에서 쉽게 볼 수 있는데, 이러한 구조를 *프랙털 구조라고 합니다.

▲ 고사리

▲ 공작의 깃털 무늬

▲ 눈 결정

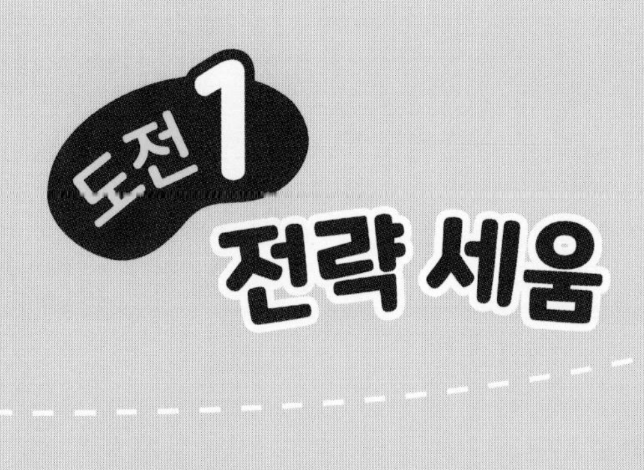

예상과 확인으로 해결하기

1

식이 성립하도록 ㉠과 ㉡에 알맞은 연산 기호를 각각 구하시오. (단, ㉠과 ㉡은 ×, ÷ 중 하나이고, 서로 다릅니다.)

$$4+2㉠2-2㉡2=1$$

문제 분석

구하려는 것에 밑줄을 긋고 주어진 조건을 정리해 보시오.

- ㉠과 ㉡은 ×, ÷ 중 하나이고, 서로 (같습니다 , 다릅니다).
- 주어진 식: 4+2㉠2−2㉡2=□

해결 전략

㉠과 ㉡에 알맞은 연산 기호를 예상하여 계산한 후 계산 결과가 □이 나오는지 확인합니다.

풀이

❶ ㉠을 ×라고 예상하였을 때 식이 성립하는지 확인하기

㉠을 ×라고 예상하면 ㉡은 □이므로

4+2×2−2□2=□입니다.

➡ 예상이 (맞았습니다 , 틀렸습니다).

❷ ㉠을 ÷라고 예상하였을 때 식이 성립하는지 확인하기

㉠을 ÷라고 예상하면 ㉡은 □이므로

4+2÷2−2□2=□입니다.

➡ 예상이 (맞았습니다 , 틀렸습니다).

❸ ㉠과 ㉡에 알맞은 연산 기호를 각각 구하기

4+2㉠2−2㉡2=1이 성립하려면 ㉠=(× , ÷), ㉡=(× , ÷)입니다.

답 ㉠: □, ㉡: □

바른답 • 알찬풀이 19쪽

2

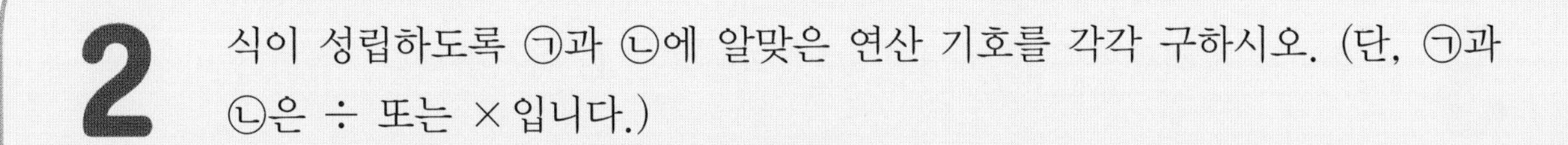

식이 성립하도록 ㉠과 ㉡에 알맞은 연산 기호를 각각 구하시오. (단, ㉠과 ㉡은 ÷ 또는 ×입니다.)

50－(7＋6㉠3)㉡5＝5

문제 분석

구하려는 것에 밑줄을 긋고 주어진 조건을 정리해 보시오.

- ㉠과 ㉡은 ÷ 또는 ×입니다.
- 주어진 식: 50－(7＋6㉠3)㉡5＝☐

해결 전략

㉠과 ㉡에 알맞은 연산 기호를 예상하여 계산한 후 계산 결과가 ☐가 나오는지 확인합니다.

풀이

1 ㉠을 ÷, ㉡을 ÷라고 예상하였을 때 식이 성립하는지 확인하기

2 ㉠을 ÷, ㉡을 ×라고 예상하였을 때 식이 성립하는지 확인하기

3 ㉠과 ㉡에 알맞은 연산 기호를 각각 구하기

답

3 주희는 식혜를 $\frac{■}{4}$ L 마셨고, 수정과를 $\frac{▲}{3}$ L 마셨습니다. 주희가 마신 식혜와 수정과가 $1\frac{1}{12}$ L일 때 ■와 ▲에 알맞은 수를 각각 구하시오. (단, $\frac{■}{4}$, $\frac{▲}{3}$는 진분수입니다.)

문제 분석 구하려는 것에 밑줄을 긋고 주어진 조건을 정리해 보시오.

• 주희가 마신 식혜와 수정과의 양: □ L • $\frac{■}{4}$, $\frac{▲}{3}$: (진분수 , 가분수)

해결 전략 $\frac{■}{4}$가 진분수이므로 ■에 알맞은 수를 1, 2, 3이라고 예상하고 확인해 봅니다.

풀이

① **■=1이라고 예상하였을 때 식이 성립하는지 확인하기**

■=1이라고 예상하면 $\frac{1}{4}+\frac{▲}{3}=1\frac{1}{12}$이므로

$\frac{□}{12}+\frac{▲\times□}{12}=\frac{□}{12}$, ▲×□=□입니다.

➡ 만족하는 자연수 ▲가 (있습니다 , 없습니다).

② **■=2라고 예상하였을 때 식이 성립하는지 확인하기**

■=2라고 예상하면 $\frac{2}{4}+\frac{▲}{3}=1\frac{1}{12}$이므로

$\frac{□}{12}+\frac{▲\times□}{12}=\frac{□}{12}$, ▲×□=□입니다.

➡ 만족하는 자연수 ▲가 (있습니다 , 없습니다).

③ **■=3이라고 예상하였을 때 식이 성립하는지 확인하기**

■=3이라고 예상하면 $\frac{3}{4}+\frac{▲}{3}=1\frac{1}{12}$이므로

$\frac{□}{12}+\frac{▲\times□}{12}=\frac{□}{12}$, ▲=□입니다.

➡ 예상이 맞았습니다.

답 ■: □, ▲: □

바른답 • 알찬풀이 19쪽

태성이는 감자를 $1\frac{◆}{7}$ kg 캐서 $\frac{●}{5}$ kg을 먹었습니다. 태성이가 먹고 남은 감자가 $\frac{22}{35}$ kg일 때 ◆와 ●에 알맞은 수를 각각 구하시오. (단, $1\frac{◆}{7}$는 대분수, $\frac{●}{5}$는 진분수입니다.)

문제 분석

구하려는 것에 밑줄을 긋고 주어진 조건을 정리해 보시오.

• 태성이가 먹고 남은 감자의 무게: ☐ kg

• $1\frac{◆}{7}$: 대분수, $\frac{●}{5}$: (진분수 , 가분수)

해결 전략

$1\frac{◆}{7}$가 대분수이므로 ◆에 알맞은 수를 1, 2, 3, ……, 6이라고 예상하고 확인해 봅니다.

풀이

① ◆=1이라고 예상하였을 때 식이 성립하는지 확인하기

② ◆=2라고 예상하였을 때 식이 성립하는지 확인하기

③ 예상하고 확인하는 방법으로 ◆와 ●에 알맞은 수를 각각 구하기

답

예상과 확인으로 해결하기

5

털실 40 cm를 겹치지 않고 모두 사용하여 넓이가 96 cm^2인 직사각형을 만들려고 합니다. 세로가 가로보다 길 때 가로와 세로는 각각 몇 cm인지 구하시오. (단, 털실의 두께는 생각하지 않습니다.)

문제 분석

구하려는 것**에 밑줄을 긋고** 주어진 조건**을 정리해 보시오.**

- 사용한 털실의 길이: ☐ cm
- 만들려는 직사각형의 넓이: ☐ cm^2
- 세로가 가로보다 (깁니다 , 짧습니다).

해결 전략

- 직사각형에서 ((가로)+(세로))×2=☐ (cm)이므로 (가로)+(세로)=☐ (cm)입니다.
- 직사각형의 가로와 세로의 합이 ☐ cm가 되도록 예상하여 직사각형의 넓이를 구해 봅니다.

풀이

① 가로를 9 cm라고 예상하여 확인하기

가로를 9 cm라고 예상하면 세로는 ☐−9=☐ (cm)이므로

(직사각형의 넓이)=9×☐=☐ (cm^2)입니다.

➡ 예상이 (맞았습니다 , 틀렸습니다).

② 가로를 8 cm라고 예상하여 확인하기

가로를 8 cm라고 예상하면 세로는 ☐−8=☐ (cm)이므로

(직사각형의 넓이)=8×☐=☐ (cm^2)입니다.

➡ 예상이 (맞았습니다 , 틀렸습니다).

③ 가로와 세로는 각각 몇 cm인지 구하기

둘레가 40 cm이고 넓이가 96 cm^2인 직사각형의 가로는 ☐ cm, 세로는 ☐ cm입니다.

답

가로: ☐ cm, 세로: ☐ cm

바른답 • 알찬풀이 19쪽

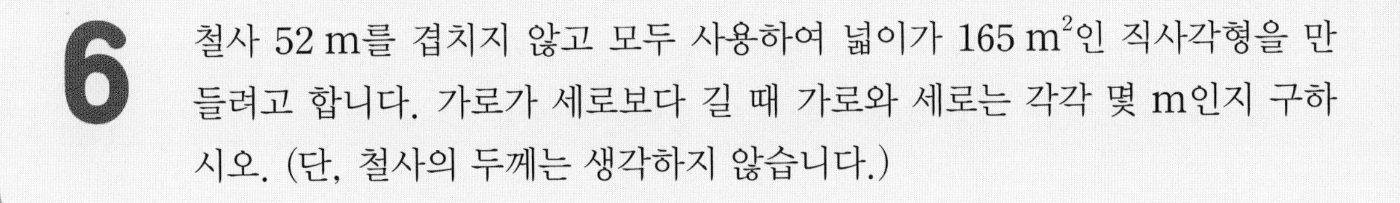

6 철사 52 m를 겹치지 않고 모두 사용하여 넓이가 165 m^2인 직사각형을 만들려고 합니다. 가로가 세로보다 길 때 가로와 세로는 각각 몇 m인지 구하시오. (단, 철사의 두께는 생각하지 않습니다.)

문제 분석

구하려는 것에 밑줄을 긋고 주어진 조건을 정리해 보시오.

- 사용한 철사의 길이: □ m
- 만들려는 직사각형의 넓이: □ m^2
- 가로가 세로보다 (깁니다 , 짧습니다).

해결 전략

- 직사각형에서 ((가로)+(세로))×2=□ (m)이므로 (가로)+(세로)=□ (m)입니다.
- 직사각형의 가로와 세로의 합이 □ m가 되도록 예상하여 직사각형의 넓이를 구해 봅니다.

풀이

1 가로를 14 m라고 예상하여 확인하기

2 가로를 15 m라고 예상하여 확인하기

3 가로와 세로는 각각 몇 m인지 구하기

답

예상과 확인으로 해결하기

1 성호는 종이에 정오각형, 정육각형을 각각 한 개씩 그렸습니다. 그린 도형의 둘레의 합이 50 cm일 때 성호가 그린 정오각형과 정육각형의 한 변의 길이는 각각 몇 cm인지 구하시오. (단, 정다각형의 한 변의 길이는 자연수입니다.)

해결 전략 정다각형의 모든 변의 길이는 같고, 그린 도형의 둘레의 합이 50 cm임을 이용하여 정오각형과 정육각형의 한 변의 길이를 예상하여 확인합니다.

2 유미네 가족 7명이 박물관에 가서 입장료 8400원을 냈습니다. 입장료가 어른은 1500원, 어린이는 800원이라면 유미네 가족 중 어른은 몇 명입니까?

해결 전략 어른을 □명이라고 하면 어린이는 (7－□)명입니다.

바른답 • 알찬풀이 20쪽

3

식을 만족하는 두 자연수 ㉠, ㉡을 각각 구하시오. (단, ㉠<㉡<10입니다.)

$$\frac{11}{30}=\frac{1}{㉠}+\frac{1}{㉡}$$

해결 전략 30의 약수 중에서 더해서 11이 되는 두 수를 찾은 후 조건을 만족하는 경우를 찾아봅니다.

4

㉮, ㉯, ㉰에 알맞은 숫자를 각각 구하시오.

	㉮.	4	8
×			㉯
1	㉰.	3	2

해결 전략 곱의 소수 둘째 자리 숫자를 보고 ㉯에 알맞은 숫자를 예상해 봅니다.

5 주머니 속에 흰색 공 4개와 검은색 공 몇 개가 있습니다. 주머니에서 공 1개를 꺼낼 때 꺼낸 공이 검은색 공일 가능성이 $\frac{1}{3}$이라면 주머니 속에 검은색 공은 몇 개 있습니까?

검은색 공의 수를 예상하여 주머니에서 검은색 공을 꺼낼 가능성을 구해 봅니다.

6 지수는 직육면체 모양의 필통을 만들었습니다. 필통의 색칠한 면은 정사각형이고, 필통의 높이는 가로의 2배입니다. 필통의 모든 모서리의 길이의 합이 96 cm일 때 필통의 높이는 몇 cm입니까?

해결 전략 필통의 가로를 예상하여 높이를 구한 후 필통의 모든 모서리의 길이의 합을 구해 봅니다.

7 다음은 학생 수가 28명인 어느 반의 체육 수행평가 점수를 조사하여 나타낸 표입니다. 표의 일부가 찢어져서 7점과 8점인 학생 수가 보이지 않습니다. 학생들의 평균 점수가 7.5점일 때 점수가 8점인 학생은 몇 명입니까?

체육 수행평가 점수별 학생 수

점수(점)	5	6	7	8	9	10
학생 수(명)	2	6			5	3

해결 전략 7점과 8점인 학생 수와 7점과 8점인 학생들의 점수의 합을 구한 후 7점인 학생 수를 예상해 봅니다.

8 4장의 수 카드를 한 번씩 모두 사용하여 다음 식을 완성하려고 합니다. □ 안에 알맞은 수를 써넣으시오.

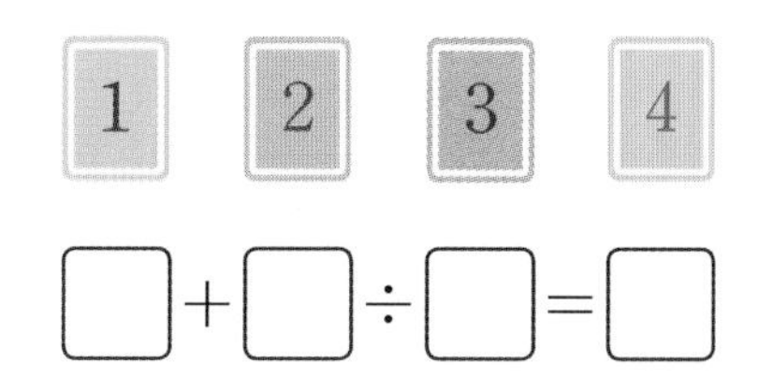

해결 전략 덧셈과 나눗셈이 섞여 있는 식에서는 나눗셈부터 계산하므로 나눗셈이 되는 경우를 예상해 봅니다.

도전, 창의사고력

보기는 ★×■의 값이 자연수가 되게 하는 ■를 구하는 방법을 나타낸 것입니다.

기호	설명	기호	설명
(둥근 사각형)	시작이나 끝을 나타내는 기호	(마름모)	참과 거짓을 판단하는 기호
(직사각형)	값을 계산하거나 대입하는 기호	(인쇄 기호)	선택한 값을 인쇄하는 기호

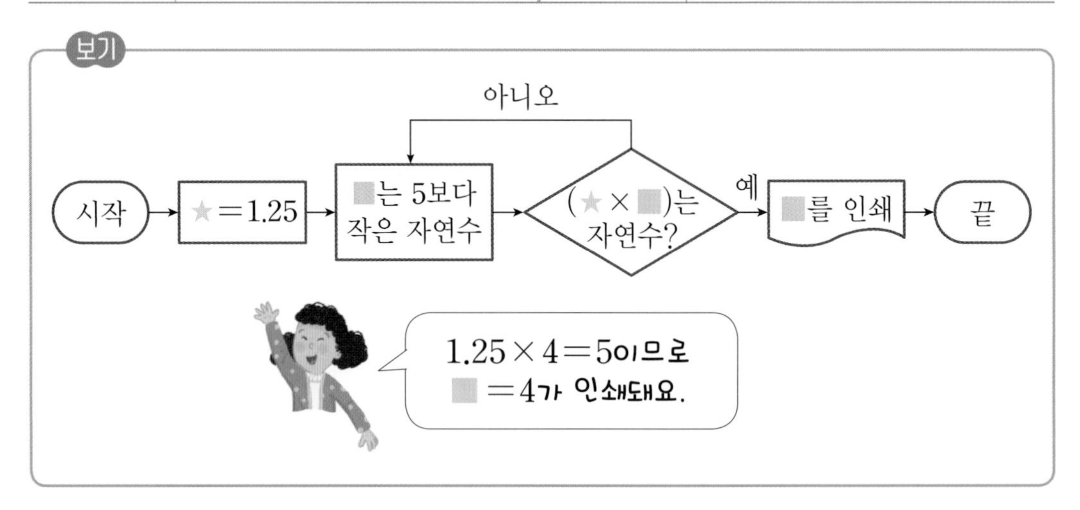

다음에서 인쇄되는 ■의 값을 구하시오.

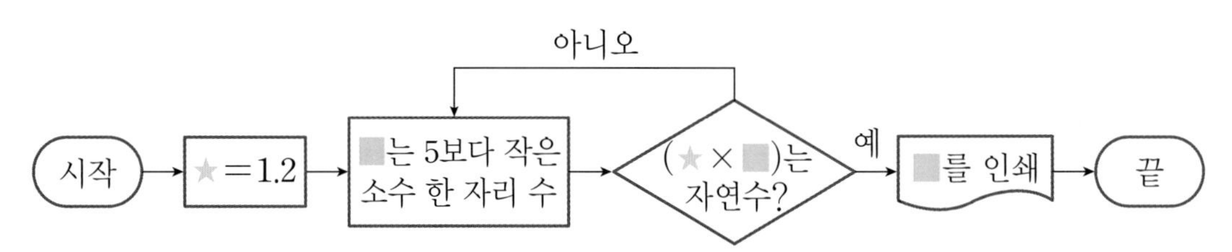

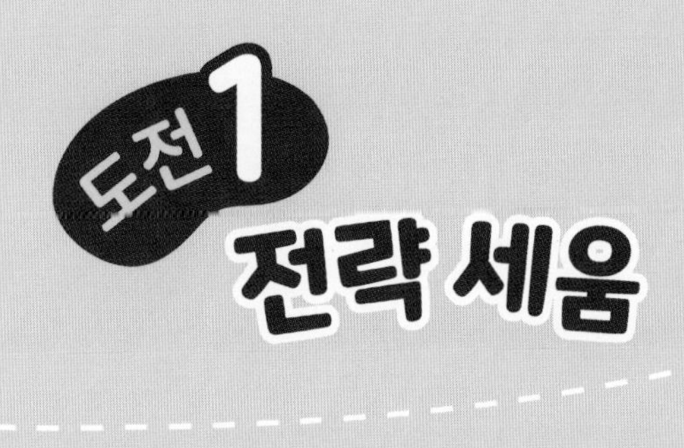

조건을 따져 해결하기

익히기

조건을 따져 해결하기

1 두 조건을 만족하는 자연수는 모두 몇 개입니까?

- 100보다 크고 300보다 작습니다.
- 9의 배수입니다.

문제 분석

구하려는 것에 밑줄을 긋고 주어진 조건을 정리해 보시오.

- 100보다 크고 ☐보다 작습니다.
- ☐의 배수입니다.

해결 전략

1부터 300까지의 자연수 중 9의 배수의 개수에서 1부터 100까지의 자연수 중 9의 배수의 개수를 (더합니다 , 뺍니다).

풀이

① 1부터 100까지의 자연수 중에서 9의 배수는 몇 개인지 구하기

$100 \div 9 =$ ☐ ⋯ ☐이므로 1부터 100까지의 자연수 중에서 9의 배수는 ☐개입니다.

② 1부터 300까지의 자연수 중에서 9의 배수는 몇 개인지 구하기

$300 \div 9 =$ ☐ ⋯ ☐이므로 1부터 300까지의 자연수 중에서 9의 배수는 ☐개입니다.

③ 두 조건을 만족하는 자연수는 모두 몇 개인지 구하기

100보다 크고 300보다 작은 자연수 중에서 9의 배수는 모두

☐ − ☐ = ☐(개)입니다.

답 ☐개

바른답 • 알찬풀이 22쪽

2

두 조건을 만족하는 자연수는 모두 몇 개입니까?

• 250보다 크고 600보다 작습니다.
• 8의 배수도 되고 14의 배수도 됩니다.

문제 분석

구하려는 것에 밑줄을 긋고 주어진 조건을 정리해 보시오.

• 250보다 크고 ☐보다 작습니다.
• 8의 배수도 되고 14의 배수도 됩니다.

해결 전략

• 8의 배수도 되고 14의 배수도 되는 수는 8과 14의 (공약수 , 공배수)입니다.
• 공배수는 최소공배수의 배수와 같음을 이용하여 두 조건을 만족하는 자연수는 모두 몇 개인지 구합니다.

풀이

① 8과 14의 최소공배수 구하기

② 1부터 250까지의 자연수 중에서 8과 14의 공배수는 몇 개인지 구하기

③ 1부터 600까지의 자연수 중에서 8과 14의 공배수는 몇 개인지 구하기

④ 두 조건을 만족하는 자연수는 모두 몇 개인지 구하기

답

3

오른쪽 그림에서 삼각형 ㄱㄷㄹ과 삼각형 ㅁㄷㄴ은 합동입니다. 삼각형 ㅁㄷㄴ의 넓이는 몇 cm^2입니까?

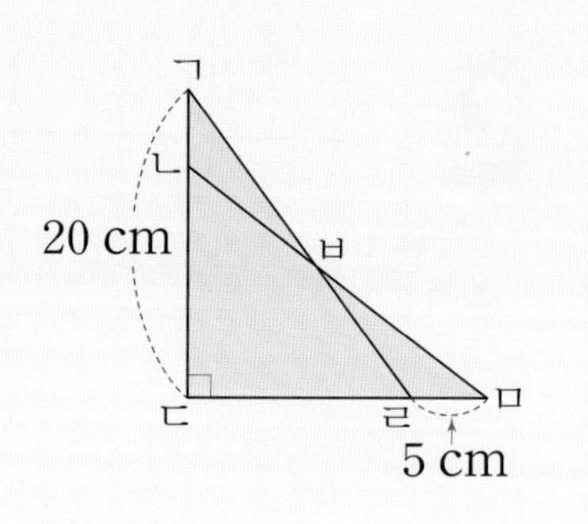

문제 분석

구하려는 것에 밑줄을 긋고 주어진 조건을 정리해 보시오.

- 삼각형 ㄱㄷㄹ과 삼각형 ㅁㄷㄴ은 합동입니다.
- 선분 ㄱㄷ의 길이: ☐ cm
- 선분 ㄹㅁ의 길이: ☐ cm

해결 전략

합동인 두 도형은 대응변의 길이가 각각 같음을 이용하여 선분 ㄷㅁ과 선분 ㄴㄷ의 길이를 구합니다.

풀이

❶ 선분 ㄷㅁ의 길이는 몇 cm인지 구하기

삼각형 ㄱㄷㄹ과 삼각형 ☐ 은 합동이므로

(선분 ㄷㅁ의 길이)=(선분 ☐ 의 길이)= ☐ cm입니다.

❷ 선분 ㄴㄷ의 길이는 몇 cm인지 구하기

(선분 ㄴㄷ의 길이)=(선분 ☐ 의 길이)=(선분 ㄷㅁ의 길이)− ☐

= ☐ − ☐ = ☐ (cm)

❸ 삼각형 ㅁㄷㄴ의 넓이는 몇 cm^2인지 구하기

(삼각형 ㅁㄴㄷ의 넓이)= ☐ × ☐ ÷2= ☐ (cm^2)

답

☐ cm^2

바른답 • 알찬풀이 22쪽

4

오른쪽 그림에서 삼각형 ㄱㄴㅁ과 삼각형 ㄹㅁㄷ은 합동입니다. 사각형 ㄱㄴㄷㄹ의 넓이는 몇 cm^2입니까?

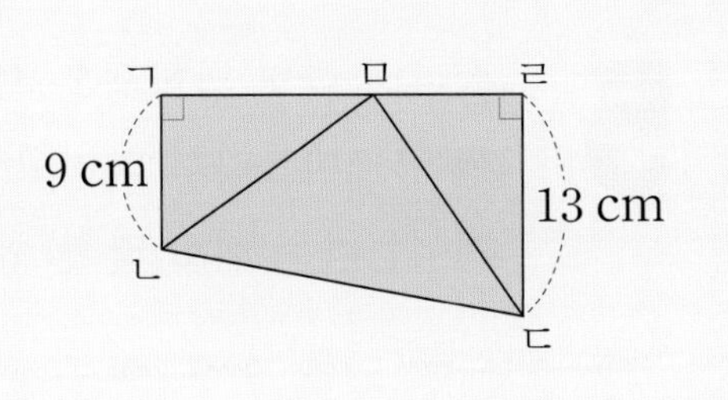

문제 분석

구하려는 것에 밑줄을 긋고 주어진 조건을 정리해 보시오.

• 삼각형 ㄱㄴㅁ과 삼각형 ㄹㅁㄷ은 합동입니다.

• 선분 ㄱㄴ의 길이: ☐ cm

• 선분 ㄹㄷ의 길이: ☐ cm

해결 전략

합동인 두 도형은 대응변의 길이가 각각 같음을 이용하여 선분 ㄱㅁ과 선분 ㅁㄹ의 길이를 각각 구합니다.

풀이

① 선분 ㄱㅁ의 길이와 선분 ㅁㄹ의 길이는 각각 몇 cm인지 구하기

② 선분 ㄱㄹ의 길이는 몇 cm인지 구하기

③ 사각형 ㄱㄴㄷㄹ의 넓이는 몇 cm^2인지 구하기

답

조건을 따져 해결하기

5 솔이네 학교 남학생은 475명, 여학생은 509명입니다. 솔이네 학교 전체 학생이 케이블카를 타려고 합니다. 케이블카에 탈 수 있는 정원이 10명이라면 케이블카는 최소 몇 번 운행해야 합니까?

문제 분석 구하려는 것에 밑줄을 긋고 주어진 조건을 정리해 보시오.

- 솔이네 학교 남학생 수: ☐명, 여학생 수: ☐명
- 케이블카에 탈 수 있는 정원: ☐명

해결 전략 학생들이 케이블카를 타고 1명이 남았을 때 남은 1명도 케이블카에 타야 하므로 (올림 , 버림)을 이용하여 케이블카가 최소 몇 번 운행해야 하는지 구합니다.

풀이

① 솔이네 학교 학생은 전체 몇 명인지 구하기

(전체 학생 수)=(남학생 수)+(여학생 수)

=☐+☐=☐(명)

② 케이블카는 최소 몇 번 운행해야 하는지 구하기

케이블카가 10명씩 ☐번 운행하고 남은 ☐명도 케이블카에 타야 합니다.

따라서 984명을 올림하여 ☐명으로 생각하면 케이블카는 최소 ☐번 운행해야 합니다.

답 ☐번

바른답 • 알찬풀이 22쪽

6

과수원에서 귤을 현성이는 327 kg, 미애는 264 kg 땄습니다. 이 귤을 한 상자에 10 kg씩 담아서 팔려고 합니다. 한 상자에 12000원씩 받고 상자에 담긴 귤을 모두 판다면 귤을 팔아서 받을 수 있는 돈은 최대 얼마입니까?

문제 분석

구하려는 것에 밑줄을 긋고 주어진 조건을 정리해 보시오.

- 현성이가 딴 귤의 무게: ☐ kg
- 미애가 딴 귤의 무게: ☐ kg
- 한 상자에 담아서 팔려는 귤의 무게: ☐ kg
- 귤 한 상자의 가격: ☐ 원

해결 전략

귤을 10 kg씩 담은 상자만 팔 수 있으므로 (올림 , 버림)을 이용하여 팔 수 있는 귤의 상자 수를 구합니다.

풀이

1. 두 사람이 딴 귤의 무게는 몇 kg인지 구하기

2. 팔 수 있는 귤은 몇 상자인지 구하기

3. 귤을 팔아서 받을 수 있는 돈은 최대 얼마인지 구하기

답

조건을 따져 해결하기

7 6개의 구슬이 들어 있는 주머니에서 손에 잡히는 대로 구슬을 꺼낼 때, 꺼낸 구슬의 개수가 6의 약수일 가능성과 회전판의 화살이 파란색에 멈출 가능성이 같도록 회전판에 색칠하시오. (단, 화살이 경계선에 멈추는 경우는 생각하지 않습니다.)

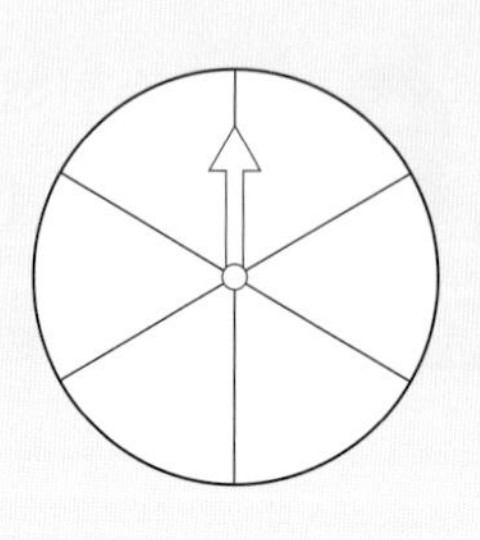

문제 분석 구하려는 것에 밑줄을 긋고 주어진 조건을 정리해 보시오.

- 주머니에 들어 있는 전체 구슬의 개수: ☐개
- ☐칸으로 나누어진 회전판

해결 전략 꺼낸 구슬의 개수가 ☐의 약수일 가능성을 구한 후 구슬의 수와 회전판의 칸의 수가 같음을 이용하여 회전판에 색칠합니다.

풀이

❶ **6의 약수 모두 구하기**

6의 약수는 1, ☐, ☐, 6입니다.

❷ **꺼낸 구슬의 개수가 6의 약수일 가능성을 수로 나타내기**

전체 구슬의 개수가 ☐개이고, 6의 약수는 ☐개이므로

꺼낸 구슬의 개수가 6의 약수일 가능성은 ☐입니다.

❸ **꺼낸 구슬의 개수가 6의 약수일 가능성과 회전판의 화살이 파란색에 멈출 가능성이 같도록 회전판에 색칠하기**

회전판이 6칸으로 나누어져 있으므로 ☐칸에 파란색으로 색칠합니다.

답

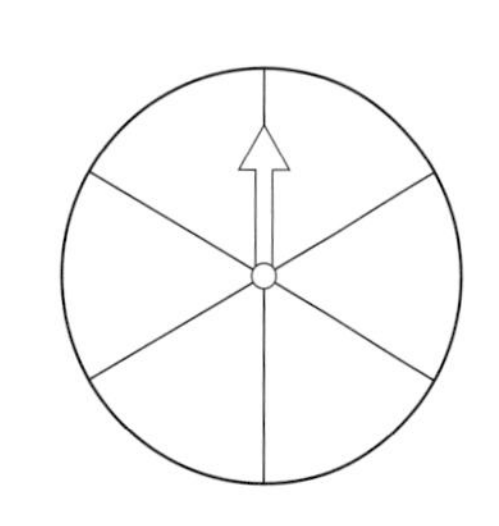

바른답 • 알찬풀이 23쪽

8

8장의 카드가 들어 있는 상자에서 손에 잡히는 대로 카드를 꺼낼 때, 꺼낸 카드의 장수가 2의 배수일 가능성과 회전판의 화살이 초록색에 멈출 가능성이 같도록 회전판에 색칠하시오. (단, 화살이 경계선에 멈추는 경우는 생각하지 않습니다.)

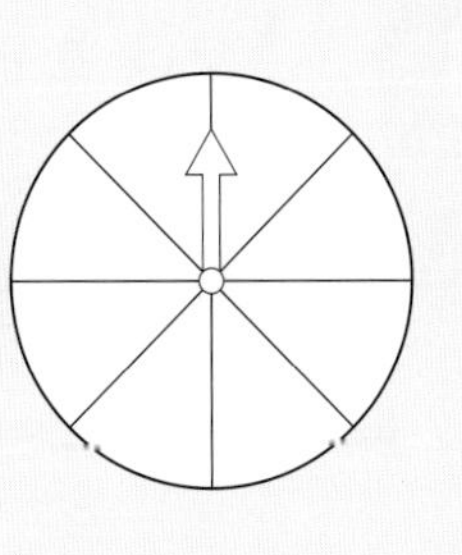

문제 분석 구하려는 것에 밑줄을 긋고 주어진 조건을 정리해 보시오.

- 상자에 들어 있는 전체 카드의 장수: ☐장
- ☐칸으로 나누어진 회전판

해결 전략 꺼낸 카드의 장수가 ☐의 배수일 가능성을 구한 후 카드의 수와 회전판의 칸의 수가 같음을 이용하여 회전판에 색칠합니다.

풀이

① 8 이하의 수 중에서 2의 배수 모두 구하기

② 꺼낸 카드의 장수가 2의 배수일 가능성을 수로 나타내기

③ 꺼낸 카드의 장수가 2의 배수일 가능성과 회전판의 화살이 초록색에 멈출 가능성이 같도록 회전판에 색칠하기

답

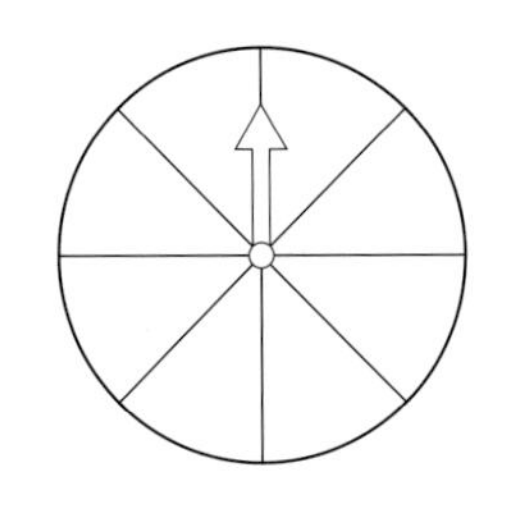

적용하기

조건을 따져 해결하기

1 $\frac{4}{9}$보다 크고 $\frac{7}{12}$보다 작은 분수 중에서 분모가 16인 기약분수를 구하시오.

해결 전략 기약분수를 $\frac{\square}{16}$라고 하여 조건에 알맞은 기약분수를 구합니다.

2 고구마 한 개의 무게는 74 g, 무게가 같은 감자 3개의 무게는 192 g, 무게가 같은 호박 2개의 무게는 218 g입니다. 고구마 한 개와 감자 한 개의 무게의 합은 호박 한 개의 무게보다 몇 g 더 무거운지 구하시오.

해결 전략 우선 감자 한 개의 무게와 호박 한 개의 무게를 각각 구합니다.

3 제빵사가 식빵을 만드는 데 필요한 밀가루의 양을 나타낸 표입니다. 밀가루 2.2 kg으로 식빵을 몇 개까지 만들 수 있는지 구하시오.

식빵을 만드는 데 필요한 밀가루의 양

식빵 수(개)	2	4	6	8	……
밀가루 양(g)	300	600	900	1200	……

해결 전략 식빵 수와 밀가루 양을 나타낸 표를 보고 두 양 사이의 대응 관계를 알아봅니다.

바른답 • 알찬풀이 23쪽

4

오른쪽은 직선 ㅅㅇ을 대칭축으로 하는 선대칭도형입니다. 각 ㄱㅂㅁ은 몇 도입니까?

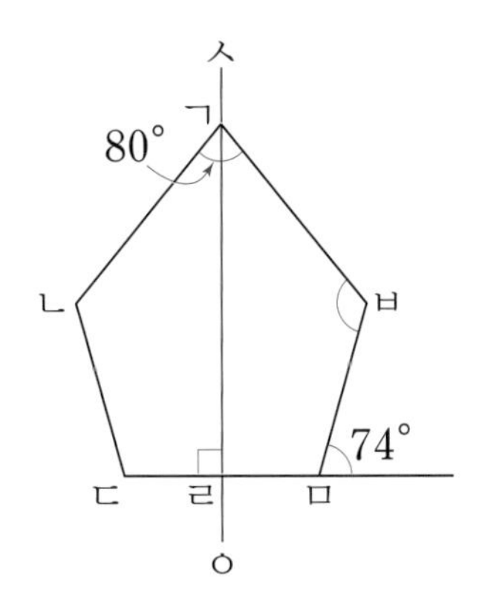

해결 전략 선대칭도형은 대칭축에 의해 둘로 똑같이 나누어집니다.

5

초등학교 씨름선수들의 체급별 몸무게를 나타낸 표입니다. 몸무게가 61 kg인 초등학교 씨름선수가 용장급이 되기 위해서 줄여야 하는 몸무게의 범위를 구하시오.

체급별 몸무게(초등학교)

몸무게(kg)	체급
40 kg 이하	경장급
40 kg 초과 45 kg 이하	소장급
45 kg 초과 50 kg 이하	청장급
50 kg 초과 55 kg 이하	용장급
55 kg 초과 60 kg 이하	용사급
60 kg 초과 70 kg 이하	역사급
70 kg 초과 120 kg 이하	장사급

체급별 몸무게를 나타낸 표를 보고 용장급이 되기 위해서 줄여야 하는 몸무게의 범위를 구합니다.

6 직사각형 ㄱㄴㄷㄹ에서 선분 ㅁㄹ의 길이는 선분 ㄱㅁ의 길이의 2배이고, 삼각형 ㅁㄷㄹ의 넓이는 35 cm^2입니다. 사다리꼴 ㄱㄴㄷㅁ의 넓이는 몇 cm^2입니까?

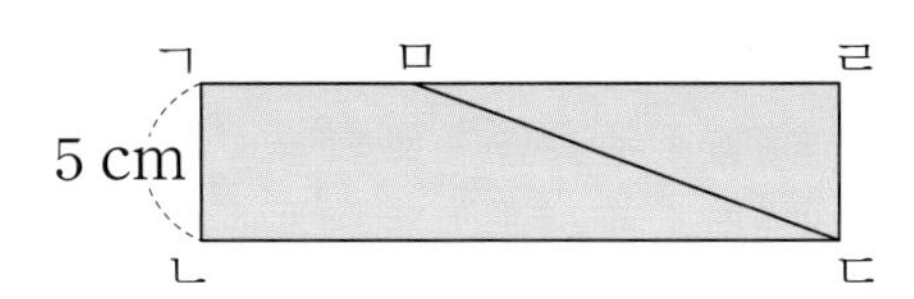

해결 전략 선분 ㄱㅁ의 길이를 구한 후 사다리꼴 ㄱㄴㄷㅁ의 넓이를 구합니다.

7 주어진 수의 배열에서 세 번째 수부터 여섯 번째 수까지는 각각 그 수 앞의 수의 평균이 됩니다. ㉠, ㉡, ㉢, ㉣의 평균을 구하시오.

해결 전략 평균 구하는 식을 이용하여 ㉠+㉡을 먼저 구한 후 ㉢과 ㉣을 차례로 구합니다.

8 떨어진 높이의 $\frac{2}{3}$만큼 튀어 오르는 공이 있습니다. 이 공을 63 m 높이에서 떨어뜨렸을 때, 세 번째로 땅에 닿을 때까지 공이 움직인 거리는 모두 몇 m입니까? (단, 공은 수직으로만 움직입니다.)

해결 전략 공을 떨어뜨렸을 때 첫 번째, 두 번째로 튀어 올랐을 때의 공의 높이를 각각 구합니다.

바른답 • 알찬풀이 24쪽

9

오른쪽 그림과 같이 마주 보는 면의 눈의 수의 합이 7인 주사위 3개를 서로 맞닿는 면의 눈의 수의 합이 8이 되도록 붙였습니다. 바닥과 맞닿는 면의 주사위 눈의 수를 구하시오.

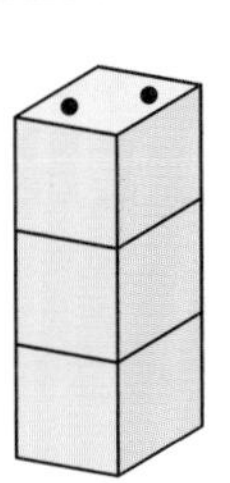

해결 전략 마주 보는 면의 눈의 수와 맞닿는 면의 눈의 수를 차례로 구합니다.

10

4장의 수 카드 2, 8, 5, 7 을 한 번씩 모두 사용하여 다음과 같은 곱셈식을 만들려고 합니다. 만들 수 있는 곱셈식의 곱 중에서 가장 큰 값과 가장 작은 값의 차를 구하시오.

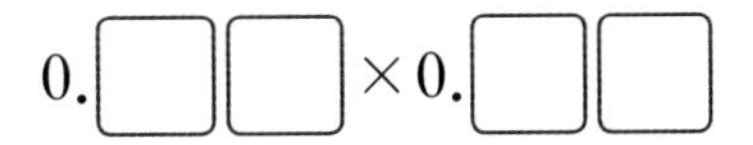

가장 큰 곱을 만들 때에는 소수 첫째 자리부터 큰 수를 써넣고, 가장 작은 곱을 만들 때에는 소수 첫째 자리부터 작은 수를 써넣습니다.

도전, 창의사고력

어느 미술관에서 유명한 미술 작품이 도난당했습니다. 미술 작품이 있는 전시관에는 3대의 경보기가 있었으나 미술 작품이 도난당했을 때 경보음은 울리지 않았습니다. 미술관 경보기 작동 시간은 다음의 안내문과 같고 도둑이 미술 작품을 훔쳐서 전시관 밖으로 빠져나오는 데 걸린 시간은 1분이었습니다. 도둑이 미술 작품을 훔치러 전시관에 들어간 시각은 오후 몇 시 몇 분인지 구하시오.

3대의 경보기를 오후 10시에 동시에 켜고 나갔어요. 제가 1시간 40분 동안 자리를 비운 사이에 미술 작품이 사라졌어요.
미술관 경보기 작동 시간
A 경보기: 8분 동안 켜져 있다가 1분 동안 꺼집니다.
B 경보기: 15분 동안 켜져 있다가 3분 동안 꺼집니다.
C 경보기: 25분 동안 켜져 있다가 5분 동안 꺼집니다.
* 경보기가 켜져 있으면 도둑이 들어왔을 때 경보음이 울립니다.

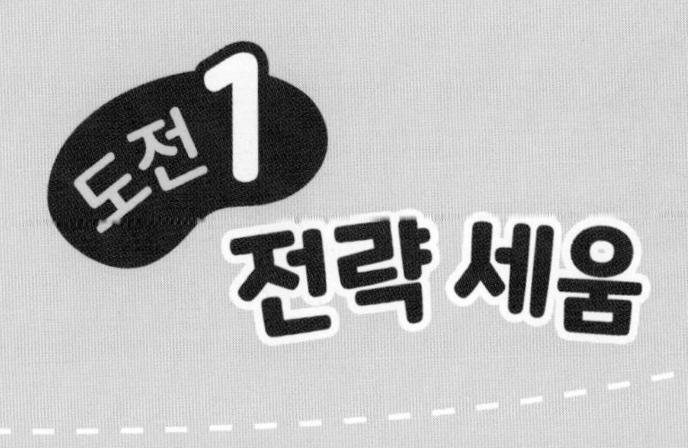

단순화하여 해결하기

1

윤성이와 지수가 들고 있는 두 수의 공약수를 모두 구하시오.

두 수의 곱은 8100이야.

두 수의 최소공배수는 540이야.

윤성 지수

문제 분석

구하려는 것에 밑줄을 긋고 주어진 조건을 정리해 보시오.

- 두 수의 곱: ☐
- 두 수의 최소공배수: ☐

해결 전략

- 두 수의 곱은 두 수의 최대공약수와 최소공배수의 ☐과 같음을 이용하여 최대공약수를 구합니다.
- 공약수는 최대공약수의 (약수 , 배수)와 같습니다.

풀이

❶ **두 수의 최대공약수 구하기**

(두 수의 곱)$=$(최대공약수)$\times$(☐)이므로

$8100=$(최대공약수)$\times$☐입니다.

➡ (최대공약수)$=8100\div$☐$=$☐

❷ **두 수의 공약수 모두 구하기**

두 수의 공약수는 두 수의 최대공약수 ☐의 약수와 같으므로

1, ☐, ☐, ☐입니다.

답

1, ☐, ☐, ☐

바른답 • 알찬풀이 25쪽

2 조건을 모두 만족하는 두 수의 공배수 중 세 번째로 작은 수를 구하시오.

- 두 수의 곱은 1944입니다.
- 두 수의 최대공약수는 18입니다.

문제 분석

구하려는 것에 밑줄을 긋고 주어진 조건을 정리해 보시오.

- 두 수의 곱: ☐
- 두 수의 최대공약수: ☐

해결 전략

- 두 수의 곱은 두 수의 ☐와 최소공배수의 곱과 같음을 이용하여 최소공배수를 구합니다.
- 공배수는 최소공배수의 (약수 , 배수)와 같습니다.

풀이

1 두 수의 최소공배수 구하기

2 두 수의 공배수 중 세 번째로 작은 수 구하기

답

3 직각으로 이루어진 다음 도형의 둘레는 몇 m입니까?

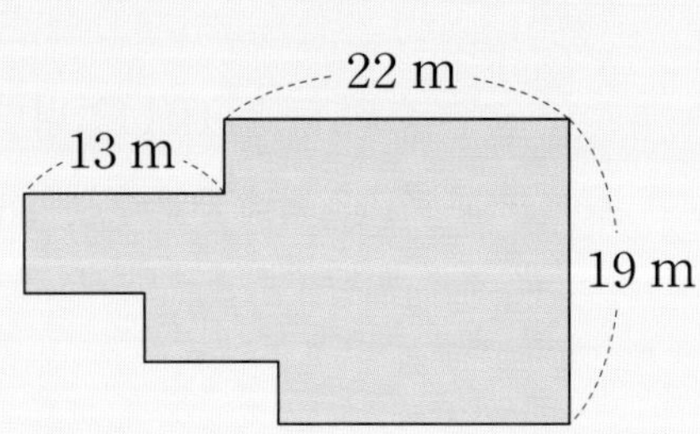

문제 분석 구하려는 것에 밑줄을 긋고 주어진 조건을 정리해 보시오.

- 직각으로 이루어진 도형
- 도형의 일부 길이: 13 m, 22 m, ☐ m

해결 전략 도형의 변을 각각 평행하게 이동시켜 (직사각형 , 정삼각형)을 만들어 봅니다.

풀이

❶ **직각으로 이루어진 도형의 변을 이동시킨 것의 ☐ 안에 알맞은 수 써넣기**

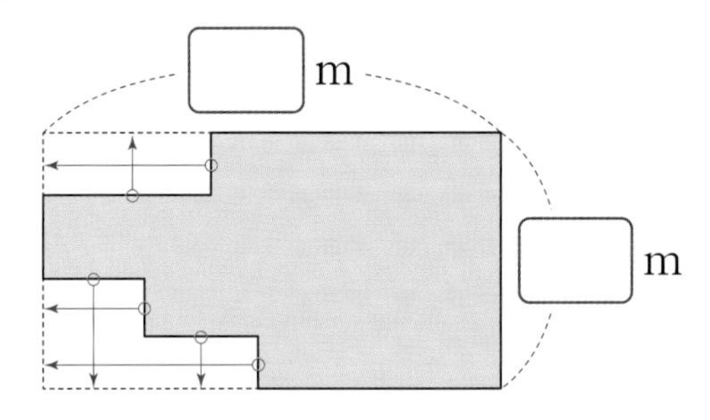

❷ **도형의 둘레는 몇 m인지 구하기**

도형의 둘레는 가로가 ☐ m, 세로가 ☐ m인 직사각형의 둘레와 같습니다.

➡ (도형의 둘레)$=$(☐$+$☐)$\times 2=$☐ (m)

답 ☐ m

바른답 • 알찬풀이 26쪽

직각으로 이루어진 다음 도형의 둘레는 몇 m입니까?

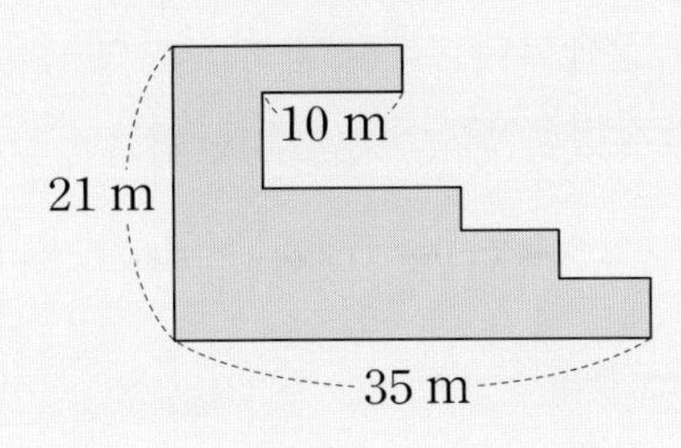

문제 분석

구하려는 것에 밑줄을 긋고 주어진 조건을 정리해 보시오.

- 직각으로 이루어진 도형
- 도형의 일부 길이: 10 m, 21 m, ☐ m

해결 전략

- 도형의 변을 각각 평행하게 이동시켜 (직사각형 , 정삼각형)을 만들어 봅니다.
- 도형의 둘레는 직사각형의 둘레와 남은 변의 길이의 (합 , 차)으로 구합니다.

풀이

① 직각으로 이루어진 도형의 변을 이동시키기

② 도형의 둘레는 몇 m인지 구하기

답

5 오른쪽 삼각형 ㄱㄴㄷ은 정삼각형이고, 변 ㄴㄹ과 변 ㄷㅂ의 길이가 같습니다. 삼각형 ㄱㄴㄷ에서 찾을 수 있는 합동인 삼각형은 모두 몇 쌍입니까?

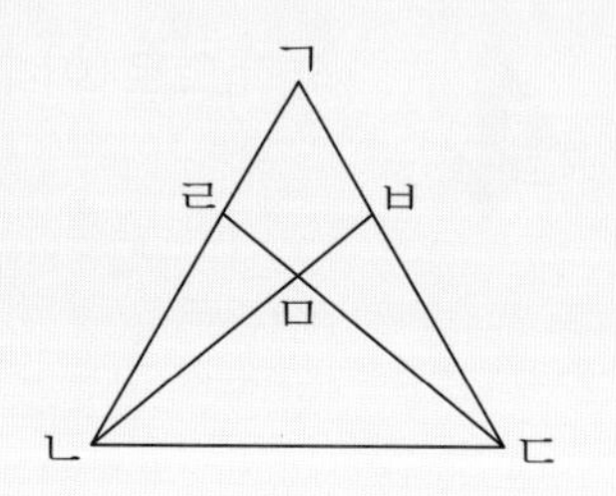

문제 분석

구하려는 것에 밑줄을 긋고 주어진 조건을 정리해 보시오.

- 주어진 도형: 정삼각형 ㄱㄴㄷ
- 변 ㄴㄹ의 길이와 변 ☐의 길이가 같습니다.

해결 전략

- 모양과 크기가 같아서 포개었을 때 완전히 겹치는 두 도형을 서로 ☐이라고 합니다.
- 단순화하여 작은 도형 1개짜리, 2개짜리로 이루어진 합동인 삼각형의 수를 모두 구합니다.

풀이

① 작은 도형 1개짜리로 이루어진 합동인 삼각형은 몇 쌍인지 구하기

삼각형 ㄹㄴㅁ과 삼각형 ☐

➡ 작은 도형 1개짜리로 이루어진 합동인 삼각형은 ☐쌍입니다.

② 작은 도형 2개짜리로 이루어진 합동인 삼각형은 몇 쌍인지 구하기

삼각형 ㄱㄴㅂ과 삼각형 ☐, 삼각형 ㄹㄴㄷ과 삼각형 ☐

➡ 작은 도형 2개짜리로 이루어진 합동인 삼각형은 ☐쌍입니다.

③ 합동인 삼각형은 모두 몇 쌍인지 구하기

합동인 삼각형은 모두 ☐ + ☐ = ☐(쌍)입니다.

답 ☐쌍

바른답 • 알찬풀이 26쪽

6 오른쪽 평행사변형에서 찾을 수 있는 합동인 삼각형은 모두 몇 쌍입니까?

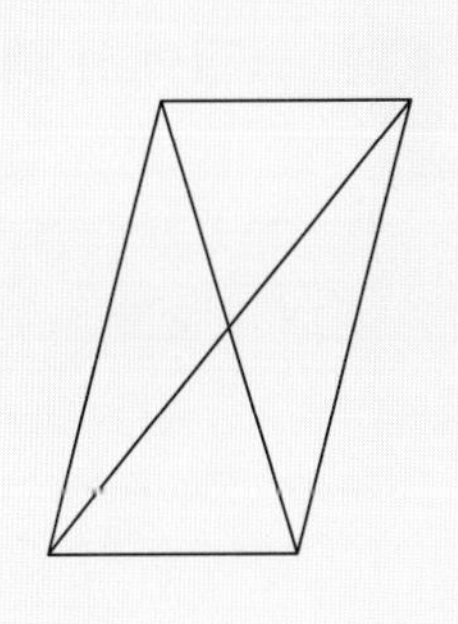

문제 분석

구하려는 것에 밑줄을 긋고 주어진 조건을 정리해 보시오.

작은 삼각형 ☐개로 이루어진 평행사변형

해결 전략

단순화하여 작은 삼각형 ☐개짜리, ☐개짜리로 이루어진 합동인 삼각형의 수를 모두 구합니다.

풀이

① 작은 삼각형 1개짜리로 이루어진 합동인 삼각형은 몇 쌍인지 구하기

② 작은 삼각형 2개짜리로 이루어진 합동인 삼각형은 몇 쌍인지 구하기

③ 합동인 삼각형은 모두 몇 쌍인지 구하기

답

1 도형에서 색칠한 부분의 넓이는 몇 m^2입니까?

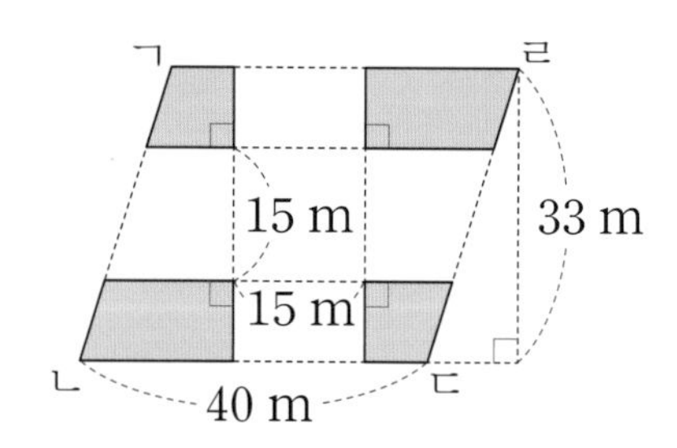

해결 전략 빈 공간을 제외한 색칠한 부분을 겹치지 않게 이어 붙여 새로운 도형을 만듭니다.

2 어느 역에서 ㉮ 기차는 10분마다, ㉯ 기차는 8분마다, ㉰ 기차는 6분마다 출발한다고 합니다. 오전 9시 15분에 이 역에서 ㉮, ㉯, ㉰ 기차가 동시에 출발하였다면 다음 번에 세 기차가 동시에 출발하는 시각은 오전 몇 시 몇 분입니까?

해결 전략 세 기차가 동시에 출발한 후 다시 동시에 출발하는 간격은 10, 8, 6의 최소공배수를 이용하여 구합니다.

3 길이가 9.6 cm인 색 테이프 15장을 그림과 같이 0.8 cm씩 겹치게 이어 붙였습니다. 이어 붙인 색 테이프의 전체 길이는 몇 cm입니까?

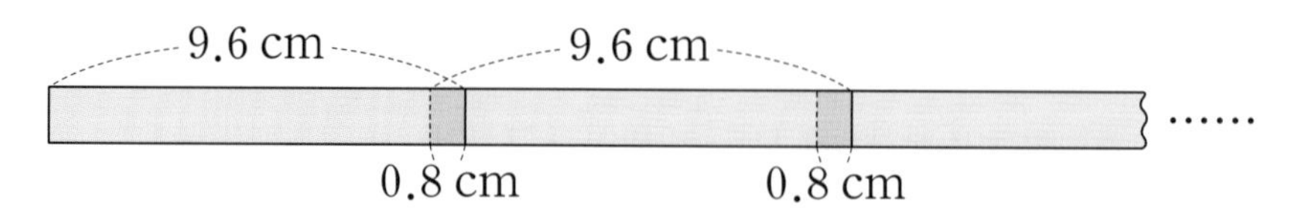

해결 전략 색 테이프를 ■장 이어 붙이면 겹치는 부분은 (■ − 1)군데 임을 이용하여 전체 길이를 구합니다.

바른답 • 알찬풀이 26쪽

4 마름모 ㄱㄴㄷㄹ에서 찾을 수 있는 합동인 삼각형은 모두 몇 쌍입니까? (단, 점 ㅁ과 점 ㅂ은 각각 한 변의 가운데 점입니다.)

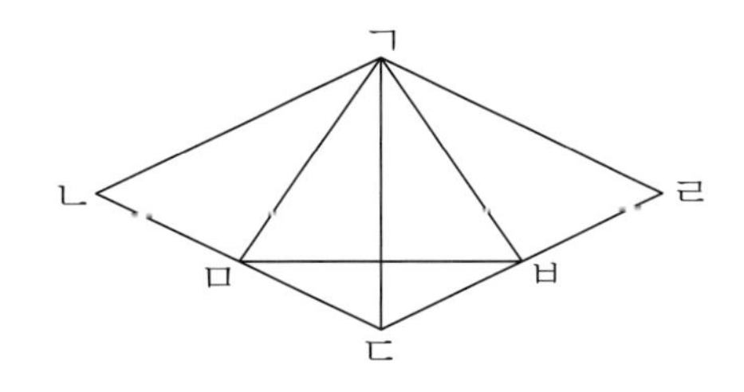

해결 전략 1개, 2개, 3개의 삼각형으로 이루어진 합동인 삼각형으로 각각 나누어 생각해 봅니다.

5 오른쪽은 합동인 사다리꼴 3개로 만든 정삼각형입니다. 정삼각형의 둘레가 126 cm일 때 사다리꼴 한 개의 둘레는 몇 cm입니까?

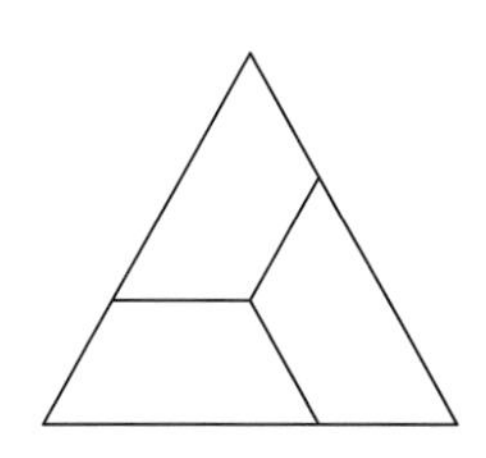

해결 전략 주어진 정삼각형을 합동인 삼각형으로 나누어 사다리꼴 한 개의 둘레를 구합니다.

6 가로가 90 m, 세로가 54 m인 직사각형 모양의 땅 둘레에 같은 간격으로 나무를 심으려고 합니다. 나무를 될 수 있는 대로 적게 심고 네 모퉁이에는 반드시 나무를 심으려고 할 때 나무는 모두 몇 그루 필요합니까? (단, 나무의 두께는 생각하지 않습니다.)

해결 전략 나무를 될 수 있는 대로 적게 심으려고 하므로 나무를 심는 간격을 최대한 길게 합니다.

7 1부터 45까지 연속하는 자연수의 평균을 구하시오.

해결 전략 합이 같도록 두 수씩 짝지어 1부터 45까지 연속하는 자연수의 합을 구합니다.

8 원 모양의 분수 주변에 8 m 간격으로 조명을 설치했더니 첫째 조명과 열째 조명이 마주 보게 되었습니다. 조명을 설치한 곳의 전체 거리는 몇 m입니까? (단, 조명의 두께는 생각하지 않습니다.)

해결 전략 첫째와 열째 조명이 마주 볼 때 조명을 설치한 간격은 몇 군데인지 알아보고 전체 거리를 구합니다.

바른답 • 알찬풀이 27쪽

9 사다리꼴 ㄱㄴㄷㄹ에서 색칠한 부분의 넓이는 몇 m^2입니까?

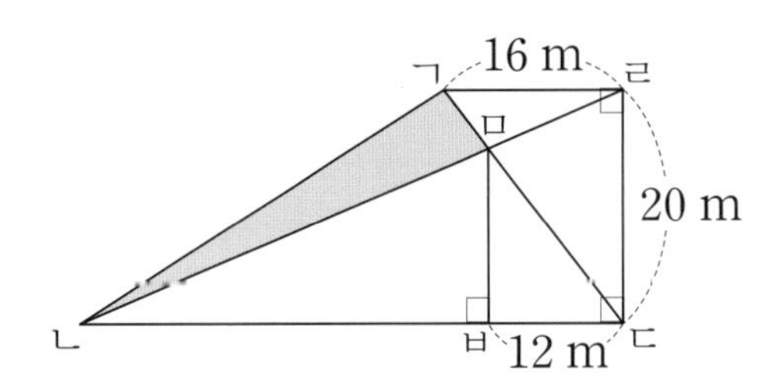

해결 전략 삼각형 ㄱㄴㄹ과 삼각형 ㄱㄷㄹ은 밑변과 높이가 같은 삼각형입니다.

10 긴 나무 막대를 길이가 같은 10도막으로 자르려고 합니다. 한 번 자르는 데 $3\frac{1}{3}$분씩 걸리고, 한 번 자른 후에 $\frac{1}{2}$분씩 쉰다고 합니다. 이 긴 나무 막대를 모두 자르는 데 걸리는 시간은 몇 분입니까? (단, 마지막에 자른 후에는 쉬지 않습니다.)

해결 전략 긴 나무 막대를 자르는 횟수와 나무 도막 수, 쉬는 횟수 사이의 관계를 알아봅니다.

도전, 창의사고력

준서네 새집의 평면도입니다. 모든 방은 직각으로 이루어졌고, 평면도의 둘레가 38 m일 때 평면도의 넓이는 몇 m^2인지 구하시오. (단, 벽의 두께는 생각하지 않습니다.)

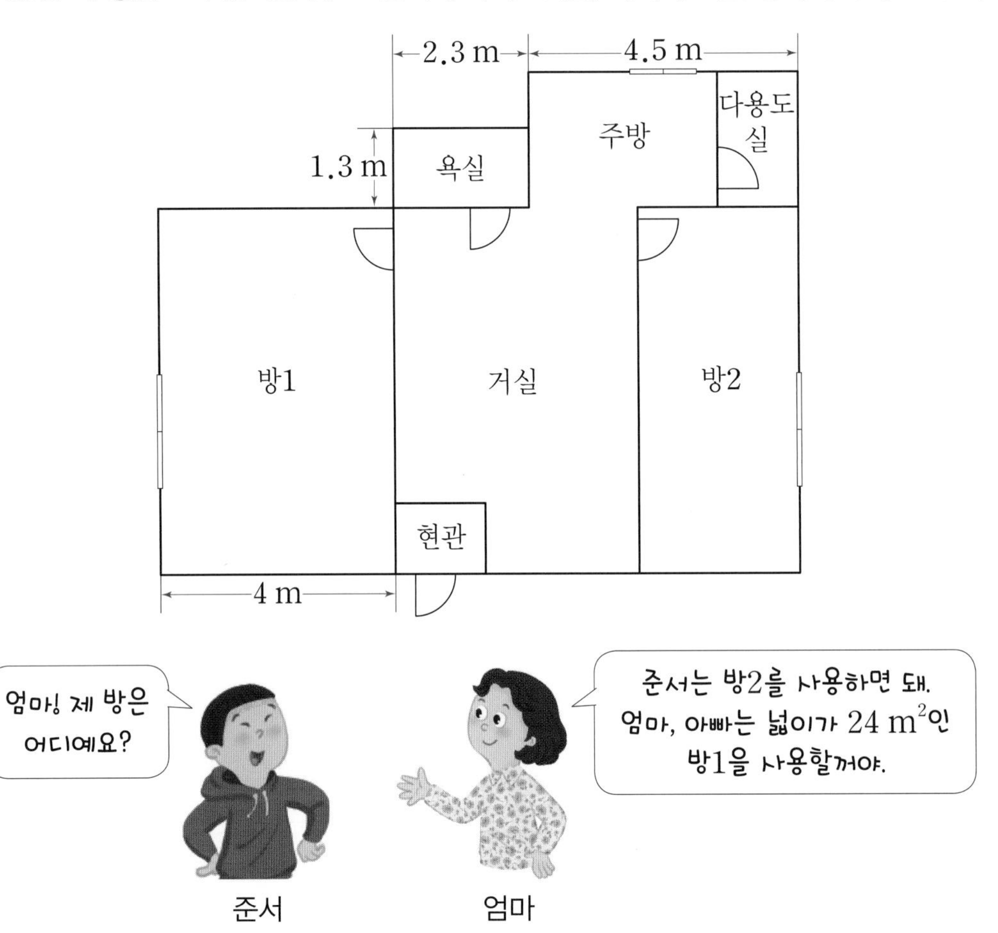

전략 이룸 60제

해결 전략 완성으로 문장제·서술형 고난도 유형 도전하기

“ 나의 공부 계획 ”

	쪽수	공부한 날	확인
1~10번	112 ~ 113쪽	월 일	
	114 ~ 115쪽	월 일	
11~20번	116 ~ 117쪽	월 일	
	118 ~ 119쪽	월 일	
21~30번	120 ~ 121쪽	월 일	
	122 ~ 123쪽	월 일	
31~40번	124 ~ 125쪽	월 일	
	126 ~ 127쪽	월 일	
41~50번	128 ~ 129쪽	월 일	
	130 ~ 131쪽	월 일	
51~60번	132 ~ 133쪽	월 일	
	134 ~ 135쪽	월 일	

전략 이름 60제

바른답 • 알찬풀이 29쪽

규칙을 찾아 해결하기

1 한 변의 길이가 15 cm인 정다각형을 일정한 규칙에 따라 그리고 있습니다. 열째에 그리는 정다각형의 둘레는 몇 cm입니까?

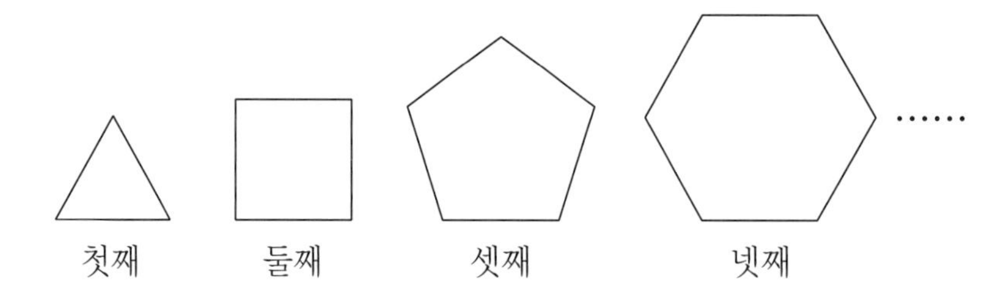

조건을 따져 해결하기

2 일이 일어날 가능성이 작은 것부터 순서대로 기호를 쓰시오.

㉠ 동전을 1개 던져서 그림 면이 나올 가능성
㉡ 주사위를 굴려, 6 이하의 눈의 수가 나올 가능성
㉢ 8개의 흰색 바둑돌이 들어 있는 주머니에서 검은색 바둑돌을 꺼낼 가능성
㉣ 50장의 제비 중 당첨 제비가 5장 있을 때, 제비를 한 장 뽑아 당첨될 가능성

식을 만들어 해결하기

3 다음과 같이 약속 할 때, 주어진 식을 계산하시오.

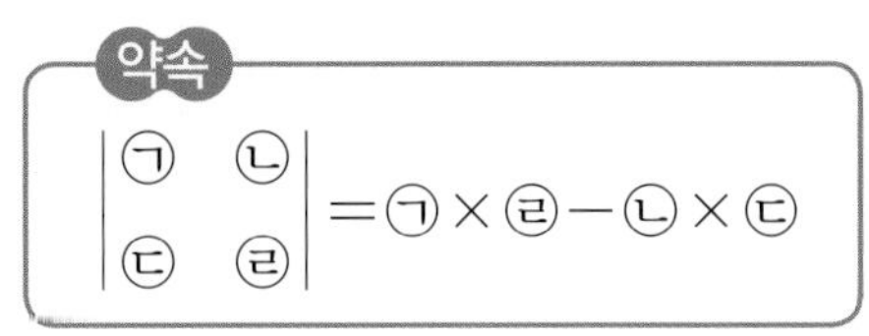

$$\begin{vmatrix} 1.3 & 0.84 \\ 0.5 & 2.17 \end{vmatrix}$$

예상과 확인으로 해결하기

4 아영이네 가족 8명이 미술관에 가서 입장료로 9500원을 냈습니다. 입장료가 어른은 2000원, 어린이는 700원이라면 아영이네 가족 중 어린이는 몇 명입니까?

단순화하여 해결하기

5 한 변의 길이가 13 cm인 정사각형 안에 오른쪽과 같이 일부를 색칠하였습니다. 색칠한 부분의 둘레는 몇 cm입니까?

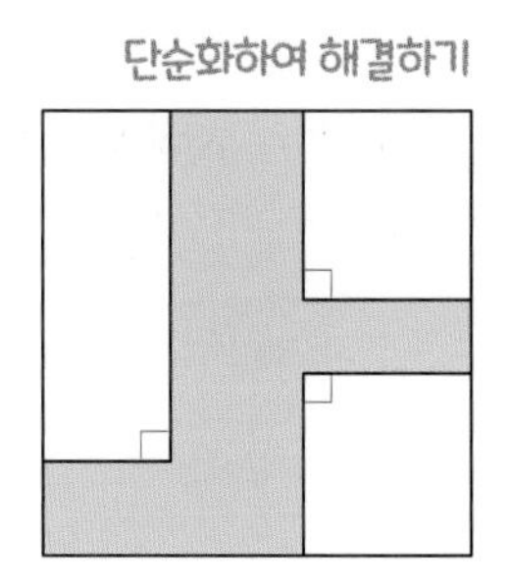

조건을 따져 해결하기

6 어느 반의 학생 수를 반올림하여 십의 자리까지 나타내면 30명입니다. 이 반 학생들에게 연필을 2자루씩 나누어 주기 위하여 60자루를 준비하였습니다. 가장 많은 학생에게 연필을 나누어 준다면 몇 자루가 모자라겠습니까?

식을 만들어 해결하기

7 3일 동안 진행되는 바둑 대회에 140명의 학생이 참가하였습니다. 첫째 날 전체의 $\frac{2}{5}$가 떨어졌고, 둘째 날 남아 있는 학생의 $\frac{3}{7}$이 떨어졌습니다. 마지막 날 대회에 참가한 학생은 몇 명입니까?

그림을 그려 해결하기

8 직육면체의 전개도를 접었을 때, 선분 ㅎㅍ과 겹치는 선분을 찾아 쓰시오.

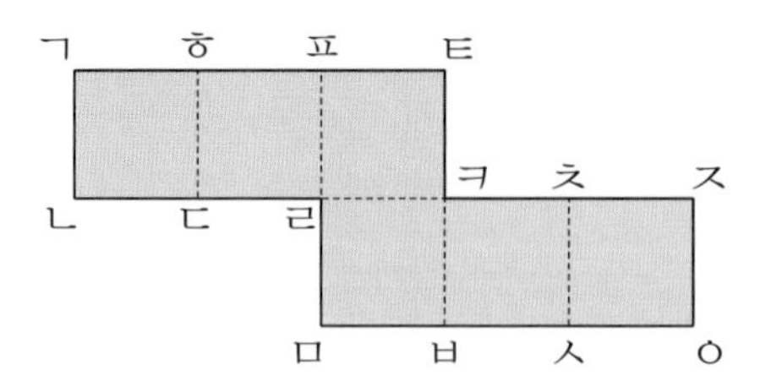

그림을 그려 해결하기

9 다음 그림에서 직선 가를 대칭축으로 하는 선대칭도형을 완성했을 때, 완성한 선대칭도형의 넓이는 몇 cm^2입니까?

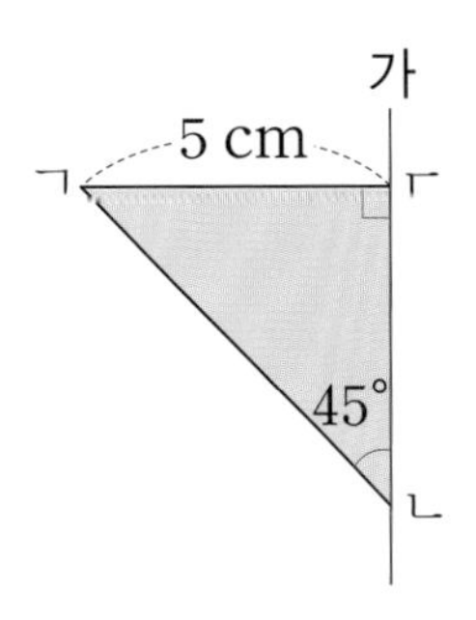

규칙을 찾아 해결하기

10 탁자 1개에 10명이 앉을 수 있습니다. 그림과 같이 탁자 6개를 이어 붙일 때 모두 몇 명이 앉을 수 있습니까?

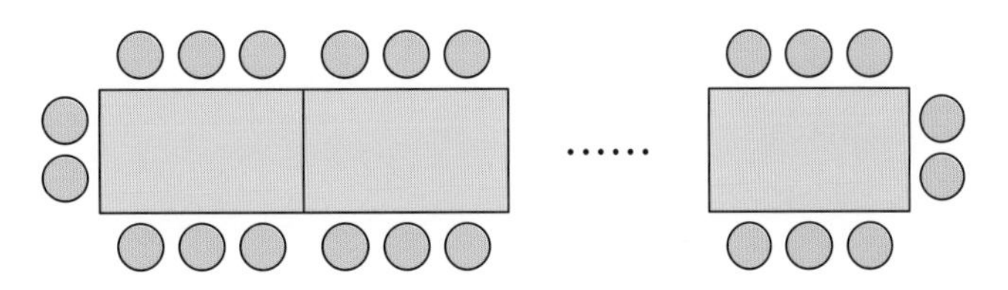

바른답 • 알찬풀이 30쪽

식을 만들어 해결하기

11 봉지에 들어 있는 젤리를 은주, 윤서, 수호 세 사람이 모두 나누어 가지려고 합니다. 은주는 전체의 $\frac{3}{8}$을, 윤서는 전체의 $\frac{1}{6}$을, 수호는 그 나머지를 모두 가진다면 젤리를 가장 적게 가지는 사람은 누구입니까?

조건을 따져 해결하기

12 십의 자리 숫자가 5 초과 6 이하이고 일의 자리 숫자가 8 초과인 네 자리 수 중에서 가장 작은 수를 반올림하여 백의 자리까지 나타내시오.

규칙을 찾아 해결하기

13 상자에 수가 쓰인 공을 넣었더니 어떤 규칙에 따라 다음과 같이 수가 바뀐 공이 나왔습니다. 상자에 11이 쓰인 공을 넣으면 어떤 수로 바뀐 공이 나오겠습니까?

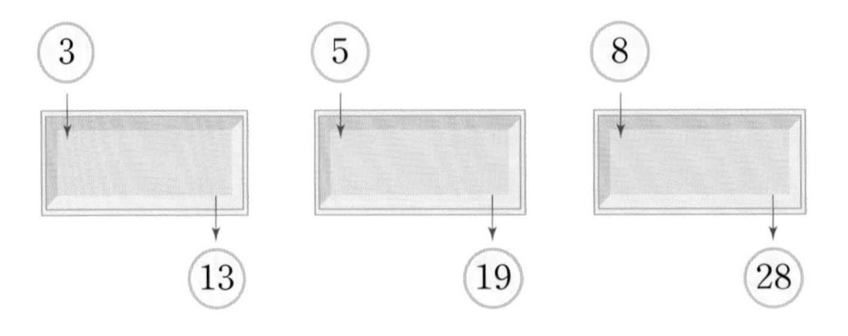

조건을 따져 해결하기

14 1부터 100까지의 자연수 중에서 4로 나누어도 1이 남고, 5로 나누어도 1이 남고, 9로 나누면 나누어떨어지는 수를 구하시오.

식을 만들어 해결하기

15 직육면체 모양의 상자를 그림과 같이 끈으로 묶었습니다. 리본의 길이가 20 cm일 때 리본을 포함하여 상자를 묶는 데 사용한 끈의 길이는 모두 몇 cm입니까?

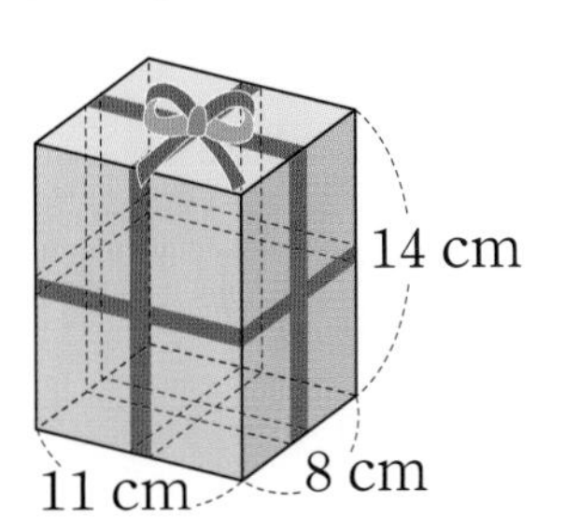

식을 만들어 해결하기

16 어떤 일을 하는 데 혜리가 혼자서 하면 4시간이 걸리고, 진수가 혼자서 하면 12시간이 걸립니다. 이 일을 두 사람이 함께 시작한다면 일을 끝내는 데 몇 시간이 걸리겠습니까? (단, 두 사람이 각각 1시간 동안 하는 일의 양은 일정합니다.)

조건을 따져 해결하기

17 4장의 수 카드를 한 번씩 모두 사용하여 다음과 같이 (소수 한 자리 수)×(소수 한 자리 수)의 곱셈식을 만들려고 합니다. 만들 수 있는 곱셈식 중 곱이 가장 클 때의 값을 구하시오.

3, 4, 6, 8

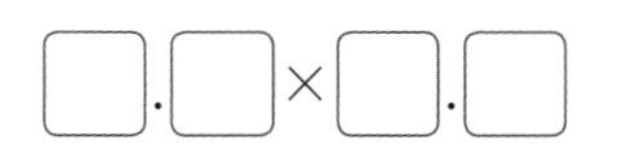

규칙을 찾아 해결하기

18 1부터 250까지의 자연수 중에서 홀수의 평균을 구하시오.

문제풀이 동영상

규칙을 찾아 해결하기

19 다음 네 자리 수가 12의 배수가 되도록 만들려고 합니다. 만들 수 있는 네 자리 수는 모두 몇 개입니까?

16□2

조건을 따져 해결하기

20 $\frac{6}{31}$부터 분모와 분자가 각각 1씩 커지는 분수를 다음과 같이 차례로 나열하였습니다. $\frac{6}{11}$과 크기가 같은 분수는 몇 째에 놓인 수입니까?

$\frac{6}{31}$, $\frac{7}{32}$, $\frac{8}{33}$, $\frac{9}{34}$......

바른답 • 알찬풀이 32쪽

예상과 확인으로 해결하기

21 등식이 성립하도록 (   )를 한 번 사용하여 묶으시오.

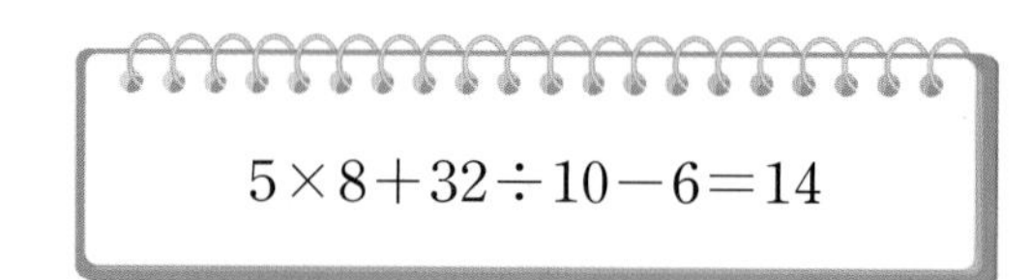
$5 \times 8 + 32 \div 10 - 6 = 14$

조건을 따져 해결하기

22 각 주머니에 들어 있는 수 카드를 한 번씩 사용하여 2개의 대분수를 만들려고 합니다. 만들 수 있는 대분수의 곱셈식 중 곱이 가장 작을 때의 값을 구하시오.

조건을 따져 해결하기

23 어느 도시의 택시 요금은 달린 거리가 1 km 미만일 때에는 3000원이고, 1 km부터는 3100원, 그 후로 100 m를 달릴 때마다 100원씩 추가된다고 합니다. 택시를 타고 2610 m를 달릴 때 택시 요금은 얼마입니까?

단순화하여 해결하기

24 어느 고속버스 터미널에서 버스가 대전행은 12분마다, 전주행은 8분마다 출발한다고 합니다. 오전 7시에 대전행과 전주행 버스가 동시에 출발했다면 오전 7시부터 오전 10시까지 동시에 출발하는 횟수는 모두 몇 번입니까?

식을 만들어 해결하기

25 1분에 18.5 L의 물이 나오는 수도로 물탱크에 물을 받고 있습니다. 동시에 이 물탱크에서 1분에 3.9 L씩 물을 빼낸다면 6분 18초 동안 물탱크에 받을 수 있는 물은 몇 L입니까? (단, 수도에서 나오는 물의 양과 물탱크에서 빼내는 물의 양은 각각 일정합니다.)

바른답•알찬풀이 33쪽

표를 만들어 해결하기

26 진서가 집을 떠난 지 7분 후에 누나가 진서를 만나기 위해 뒤따라갔습니다. 진서는 일정한 빠르기로 1분에 30 m씩 걸어가고, 누나는 일정한 빠르기로 1분에 65 m씩 뛰어갔습니다. 누나는 집을 떠난 지 적어도 몇 분 후에 진서를 만나겠습니까?

조건을 따져 해결하기

27 $\frac{15}{36}$를 두 단위분수의 합으로 나타내려고 합니다. 서로 다른 두 가지 방법으로 나타내시오.

조건을 따져 해결하기

28 어떤 분수의 분모에서 1을 뺀 후 약분하면 $\frac{1}{3}$이 되고 분모에 5를 더한 후 약분하면 $\frac{1}{4}$이 됩니다. 어떤 분수를 구하시오.

예상과 확인으로 해결하기

29 상자에 빨간색, 파란색, 노란색 구슬이 모두 8개 들어 있습니다. 빨간색 구슬이 가장 적고, 상자에서 구슬 한 개를 꺼낼 때 구슬이 노란색일 가능성은 $\frac{1}{2}$입니다. 상자에 들어 있는 색깔별 구슬은 각각 몇 개입니까?

조건을 따져 해결하기

30 1부터 6까지의 눈이 그려져 있는 주사위의 마주 보는 면의 눈의 수의 합은 7입니다. 이 주사위 2개를 오른쪽 그림과 같이 쌓았을 때 바닥을 포함하여 겉면의 눈의 수의 합이 가장 작을 때의 합을 구하시오.

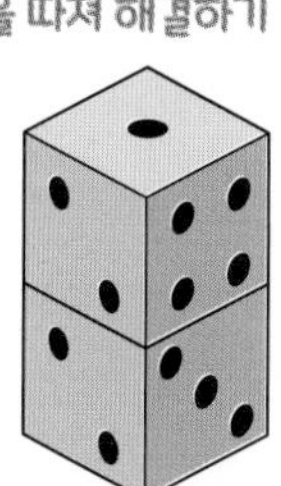

바른답 • 알찬풀이 34쪽

규칙을 찾아 해결하기

31 정원이 63명인 빈 버스가 시작점에서 출발하여 첫 번째 정류장에서 3명, 두 번째 정류장에서 5명, 세 번째 정류장에서 7명……과 같이 일정한 규칙에 따라 승객을 태우고 있습니다. 버스의 정원이 다 찼을 때는 몇 번째 정류장입니까? (단, 모든 정류장에서 내리는 사람은 없습니다.)

식을 만들어 해결하기

32 똑같은 음료수 8개가 들어 있는 상자의 무게를 재어 보니 2 kg 960 g이었습니다. 여기에서 음료수 3개를 빼고 무게를 재어 보니 1 kg 895 g이었습니다. 상자만의 무게는 몇 g입니까?

조건을 따져 해결하기

33 은서네 학교의 학생 253명이 박물관 관람을 하려고 합니다. 관람권 10장은 8700원이고, 관람권 100장은 85000원일 때 가장 적은 돈으로 관람권을 사려면 얼마가 필요합니까? (단, 관람권은 10장, 100장 단위로만 판매합니다.)

조건을 따져 해결하기

34 도형에서 삼각형 ㄱㄴㄷ과 삼각형 ㄹㅁㅂ은 서로 합동입니다. 직사각형 ㄱㄴㅁㄹ의 넓이는 몇 cm^2입니까?

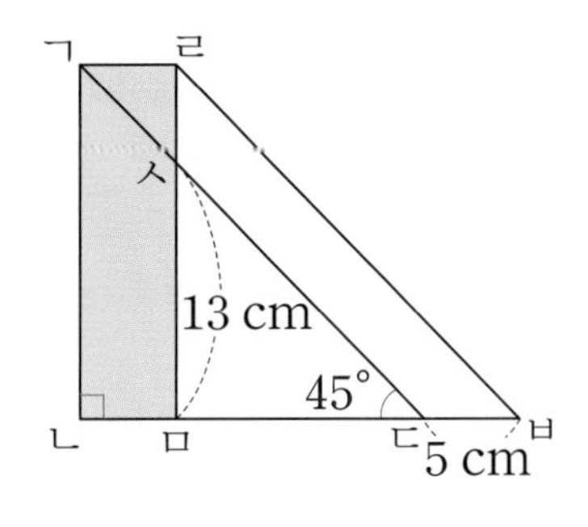

조건을 따져 해결하기

35 분모가 45인 진분수 중에서 기약분수는 모두 몇 개입니까?

$$\frac{1}{45}, \frac{2}{45}, \frac{3}{45}, \cdots\cdots, \frac{44}{45}$$

바른답 • 알찬풀이 35쪽

식을 만들어 해결하기

36 길이가 $12\frac{3}{5}$ cm인 양초에 불을 붙이고 $\frac{1}{5}$분 후에 불을 껐더니 양초의 길이가 $9\frac{2}{3}$ cm가 되었습니다. 이 양초에 다시 불을 붙이고 36초 후에 불을 껐을 때 남은 양초의 길이는 몇 cm입니까? (단, 양초가 타는 빠르기는 같습니다.)

조건을 따져 해결하기

37 떨어진 높이의 0.7만큼 튀어 오르는 공을 3 m 높이에서 떨어뜨렸습니다. 이 공이 세 번째로 땅에 닿을 때까지 움직인 거리는 모두 몇 m입니까?

거꾸로 풀어 해결하기

38 합이 240인 두 수가 있습니다. 이 두 수의 최대공약수가 16이고, 최소공배수가 896일 때 두 수를 구하시오.

그림을 그려 해결하기

39 정사각형 모양의 색종이를 그림과 같이 점선을 따라 잘랐더니 크기가 같은 4개의 직사각형이 만들어졌습니다. 이 직사각형 4개를 겹치지 않게 한 줄로 길게 이은 색종이의 둘레가 102 cm일 때, 처음 정사각형 모양의 색종이의 둘레는 몇 cm입니까?

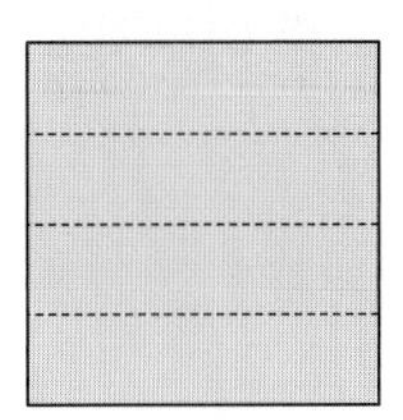

단순화하여 해결하기

40 100보다 작은 자연수 중에서 약수가 3개인 수는 모두 몇 개입니까?

바른답 • 알찬풀이 36쪽

그림을 그려 해결하기

41 영호네 반에서 음악과 미술을 좋아하는 학생을 조사했습니다. 음악을 좋아하는 학생은 전체의 $\frac{3}{5}$, 미술을 좋아하는 학생은 전체의 $\frac{1}{3}$이고, 음악과 미술을 모두 좋아하는 학생은 전체의 $\frac{1}{15}$입니다. 음악과 미술 중 아무것도 좋아하지 않는 학생은 전체의 몇 분의 몇입니까?

그림을 그려 해결하기

42 다음과 같은 직육면체의 면에 선을 그었습니다. 이 직육면체의 전개도가 오른쪽과 같을 때 직육면체의 전개도에 나타나는 선을 모두 그어 보시오.

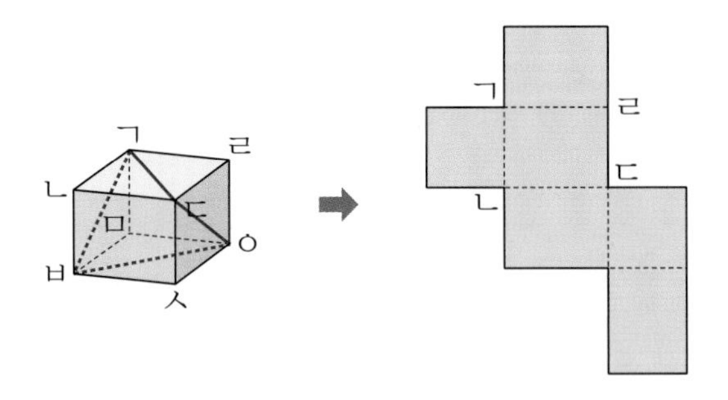

식을 만들어 해결하기

43 성규는 일주일 동안 수영 연습을 2 km 했고 매주 연습할 때마다 지난주 연습한 양의 $\frac{1}{4}$ 만큼씩 더 연습했습니다. 연습한 양이 처음보다 $1\frac{29}{32}\text{ km}$ 더 늘었다면 성규는 연습을 몇 주 동안 했습니까?

단순화하여 해결하기

44 통나무를 한 번 자르는 데 8분이 걸리고 한 번 자르고 2분씩 쉰다고 합니다. 오전 8시에 긴 통나무를 자르기 시작하면 10도막으로 잘랐을 때의 시각은 오전 몇 시 몇 분입니까? (단, 마지막에는 쉬지 않습니다.)

단순화하여 해결하기

45 마름모 ㄱㄴㄷㄹ에서 찾을 수 있는 합동인 삼각형은 모두 몇 쌍입니까? (단, 점 ㅁ, 점 ㅂ, 점 ㅅ, 점 ㅇ은 각 변의 가운데 점입니다.)

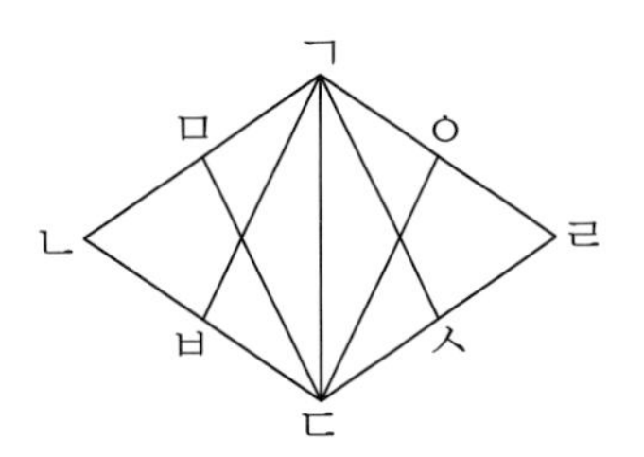

바른답 • 알찬풀이 37쪽

조건을 따져 해결하기

46 직육면체에서 면 ㉠과 수직인 모서리의 길이의 합은 몇 cm입니까?

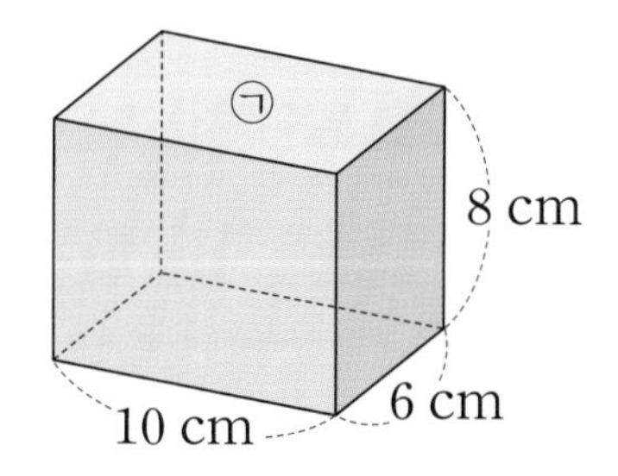

거꾸로 풀어 해결하기

47 사각형 ㄱㄴㄷㄹ은 가로가 세로의 4배인 직사각형입니다. 사각형 ㄱㅂㄷㅁ은 마름모이고, 삼각형 ㅁㄷㄹ의 둘레는 65 cm입니다. 사각형 ㄱㄴㄷㄹ의 넓이는 몇 cm^2입니까?

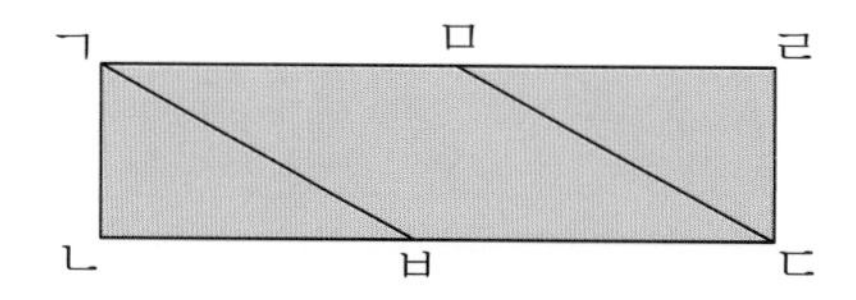

예상과 확인으로 해결하기

48 다음 식에서 ♠와 ♣에 알맞은 수를 각각 구하시오. (단, $\frac{♠}{3}$, $\frac{♣}{2}$는 진분수입니다.)

$$1<\frac{♠}{3}+\frac{♣}{2}<2$$

단순화하여 해결하기

49 합동인 작은 정사각형 5개를 오른쪽 그림과 같이 겹치지 않게 붙여 놓았습니다. 작은 정사각형 5개를 붙인 도형의 넓이가 $324\ cm^2$일 때 사각형 ㄱㄴㄷㄹ의 둘레는 몇 cm입니까?

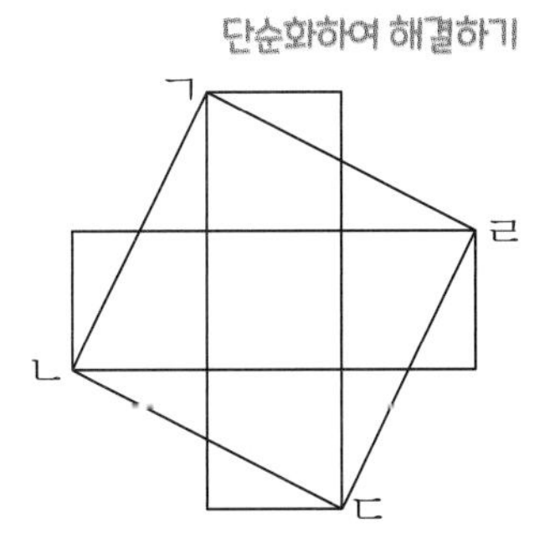

그림을 그려 해결하기

50 길이가 $5\frac{1}{21}$ m인 막대로 바닥이 평평한 수영장의 깊이를 재려고 합니다. 막대를 수영장 바닥에 수직으로 닿게 넣어 보고, 다시 거꾸로 수영장 바닥에 수직으로 닿게 넣었다 꺼냈더니 물에 젖지 않은 부분이 $\frac{4}{7}$ m였습니다. 수영장의 깊이는 몇 m입니까?

예상과 확인으로 해결하기

51 ㉠+㉡+㉢의 값을 구하시오.

$$\begin{array}{r} \boxed{㉠} \\ \times\ \boxed{㉡}\,.\,6\ \ 8 \\ \hline 1\ \ 4\,.\,\boxed{㉢}\ \ 2 \end{array}$$

조건을 따져 해결하기

52 서로 다른 두 수의 곱이 315이고 두 수의 최대공약수는 3입니다. 이를 만족하는 두 수 중에서 두 수의 합이 가장 작을 때의 합을 구하시오.

단순화하여 해결하기

53 보기 와 같은 방법으로 다음을 계산하시오.

보기

$$\frac{1}{●\times(●+1)}=\frac{1}{●}-\frac{1}{●+1}$$

$$\frac{1}{6}+\frac{1}{12}+\frac{1}{20}+\frac{1}{30}+\frac{1}{42}+\frac{1}{56}+\frac{1}{72}+\frac{1}{90}$$

규칙을 찾아 해결하기

54

한 변의 길이가 4 cm인 정사각형 모양의 종이를 일정한 크기로 계속 겹쳐 가며 붙였습니다. 9장을 붙였을 때 붙인 도형의 둘레는 몇 cm입니까?

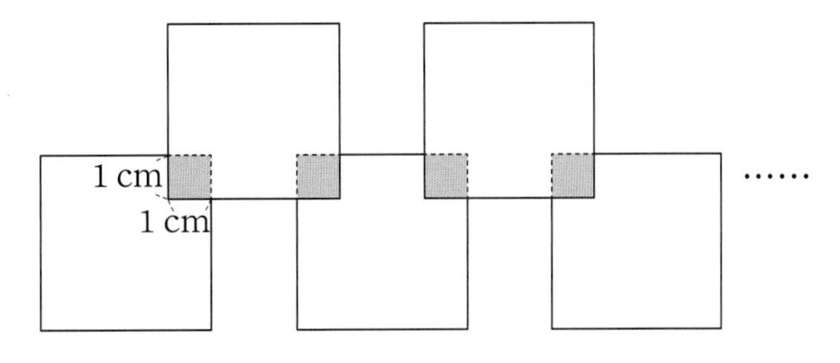

조건을 따져 해결하기

55

오른쪽 그림에서 선분 ㄱㄴ의 길이는 선분 ㄱㄹ의 길이의 5배이고, 선분 ㄱㅁ의 길이와 선분 ㅁㄷ의 길이는 같습니다. 삼각형 ㄱㄹㅁ의 넓이가 8 cm^2일 때 삼각형 ㄱㄴㄷ의 넓이는 몇 cm^2입니까?

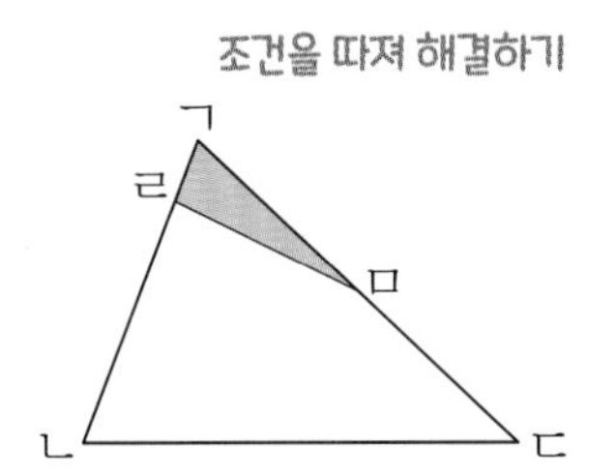

예상과 확인으로 해결하기

56 어느 시험에 300명이 응시하여 80명이 합격했습니다. 합격한 80명의 평균 점수와 불합격한 220명의 평균 점수의 차는 18점입니다. 응시한 300명의 평균 점수가 68.8점일 때 합격한 80명의 평균 점수는 몇 점입니까?

표를 만들어 해결하기

57 ㉠과 ㉡은 각각 두 자리 자연수이고, ㉠ 초과 ㉡ 미만인 자연수의 개수는 100 이상 134 이하인 자연수의 개수와 같습니다. ㉠과 ㉡이 될 수 있는 수를 (㉠, ㉡)으로 나타낼 때 (㉠, ㉡)은 모두 몇 개입니까?

그림을 그려 해결하기

58 다음 도형은 합동인 정사각형 2개를 겹쳐서 만든 점대칭도형입니다. 이 점대칭도형의 넓이가 283.5 cm^2이고 점 ㅇ이 대칭의 중심일 때 선분 ㄱㅇ의 길이는 몇 cm입니까?

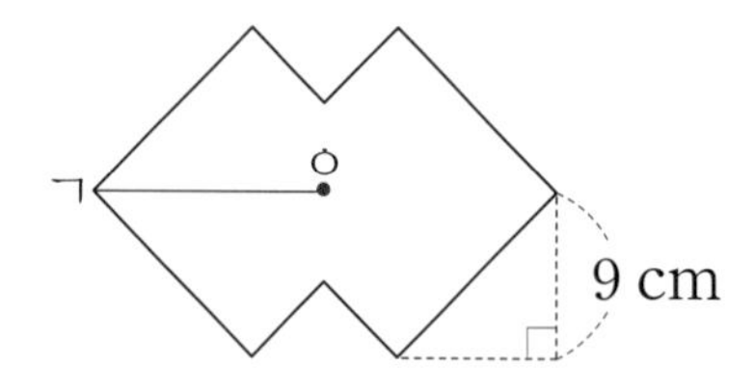

규칙을 찾아 해결하기

59 도화지 한 장을 다음과 같이 4조각으로 나누고, 그중 한 조각을 다시 4조각으로 나누는 과정을 반복하였습니다. 이 과정을 반복한다면 40째 도화지는 모두 몇 조각으로 나누어집니까?

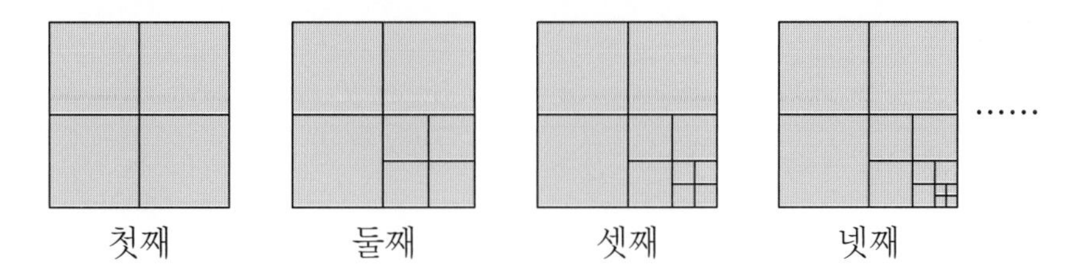

그림을 그려 해결하기

60 효주네 반 전체 학생이 100 m 달리기를 했습니다. 전체 평균 기록이 23초, 남학생의 평균 기록이 21.5초, 여학생의 평균 기록이 24.2초입니다. 남학생이 여학생보다 3명 더 적을 때 효주네 반 남학생은 몇 명입니까?

Memo

미래엔

초등 도서 목록

교과서 달달 쓰기 · 교과서 달달 풀기
1~2학년 국어 • 수학 교과 학습력을 향상시키고
초등 코어를 탄탄하게 세우는 기본 학습서
[4책] 국어 1~2학년 학기별
[4책] 수학 1~2학년 학기별

미래엔 교과서 길잡이, 초코
초등 공부의 핵심[CORE]를 탄탄하게 해 주는
슬림 & 심플한 교과 필수 학습서
[8책] 국어 3~6학년 학기별, [8책] 수학 3~6학년 학기별
[8책] 사회 3~6학년 학기별, [8책] 과학 3~6학년 학기별

전과목 단원평가
빠르게 단원 핵심을 정리하고, 수준별 문제로 실전력을 키우는
교과 평가 대비 학습서
[8책] 3~6학년 학기별

문제 해결의 길잡이

원리 8가지 문제 해결 전략으로 문장제와 서술형 문제 정복
[12책] 1~6학년 학기별

심화 문장제 유형 정복으로 초등 수학 최고 수준에 도전
[6책] 1~6학년 학년별

초등 필수 어휘를 퍼즐로 재미있게 익히는 학습서
[3책] 사자성어, 속담, 맞춤법

하루한장 예비 초등

한글완성
초등학교 입학 전 한글 읽기·쓰기 동시에 끝내기
[3책] 기본 자모음, 받침, 복잡한 자모음

예비초등
기본 학습 능력을 향상하며 초등학교 입학을 준비하기
[2책] 국어, 수학

하루한장 독해

독해 시작편
초등학교 입학 전 기본 문해력 익히기 30일 완성
[2책] 문장으로 시작하기, 짧은 글 독해하기

어휘
문해력의 기초를 다지는 초등 필수 어휘 학습서
[6책] 1~6학년 단계별

독해
국어 교과서와 연계하여 문해력의 기초를 다지는 독해 기본서
[6책] 1~6학년 단계별

독해+플러스
본격적인 독해 훈련으로 문해력을 향상시키는 독해 실전서
[6책] 1~6학년 단계별

비문학 독해 (사회편·과학편)
비문학 독해로 배경지식을 확장하고 문해력을 완성시키는
독해 심화서
[사회편 6책, 과학편 6책] 1~6학년 단계별

수학 상위권 향상을 위한 문장제 해결력 완성

문제 해결의 길잡이

심화

수학 5학년

바른답·알찬풀이

Mirae N 에듀

식을 만들어 해결하기

익히기 10~17쪽

1 분수의 곱셈

문제분석 두 개의 수도관에서 동시에 1분 30초 동안 받은 물은 모두 몇 L

$3\frac{3}{4}$ / 1, 30

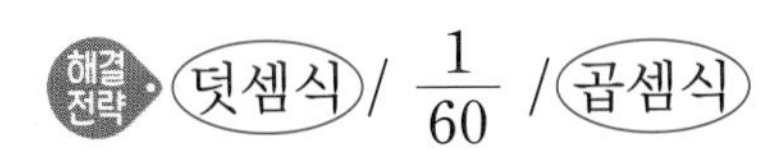
해결전략 덧셈식 / $\frac{1}{60}$ / 곱셈식

풀이 ❶ $3\frac{5}{6}$, $3\frac{3}{4}$, $7\frac{7}{12}$

❷ $1\frac{1}{2}$

❸ $7\frac{7}{12}$, $1\frac{1}{2}$, $11\frac{3}{8}$

답 $11\frac{3}{8}$

참고 ❶ $3\frac{5}{6}+3\frac{3}{4}=3\frac{10}{12}+3\frac{9}{12}$
$=6\frac{19}{12}=7\frac{7}{12}$ (L)

❸ $7\frac{7}{12}\times1\frac{1}{2}=\frac{91}{\cancel{12}_{4}}\times\frac{\cancel{3}^{1}}{2}$
$=\frac{91}{8}=11\frac{3}{8}$ (L)

2 분수의 곱셈

문제분석 두 사람이 일정한 빠르기로 자전거를 타고 2시간 12분 동안 달린 거리는 모두 몇 km

$7\frac{1}{2}$ / 2, 12

해결전략 덧셈식 / $\frac{1}{60}$ / 곱셈식

풀이

❶ (두 사람이 한 시간 동안 달린 거리)
=(주이가 달린 거리)+(서호가 달린 거리)
$=6\frac{2}{3}+7\frac{1}{2}=6\frac{4}{6}+7\frac{3}{6}$
$=13\frac{7}{6}=14\frac{1}{6}$ (km)

❷ $2\frac{\cancel{12}^{1}}{\cancel{60}_{5}}$시간$=2\frac{1}{5}$시간

❸ (두 사람이 2시간 12분 동안 달린 거리)
=(두 사람이 한 시간 동안 달린 거리)
×(달린 시간)
$=14\frac{1}{6}\times2\frac{1}{5}=\frac{\cancel{85}^{17}}{6}\times\frac{11}{\cancel{5}_{1}}$
$=\frac{187}{6}=31\frac{1}{6}$ (km)

답 $31\frac{1}{6}$ km

3 다각형의 둘레와 넓이

문제분석 색칠한 부분의 넓이는 몇 cm^2

8 / 26 / 10, 6

해결전략 빼는

풀이 ❶ 10, 6, 16 / 26, 16, 272
❷ 6, 78
❸ 272, 78, 194

답 194

4 다각형의 둘레와 넓이, 합동과 대칭

문제분석 색칠한 부분의 넓이는 몇 cm^2

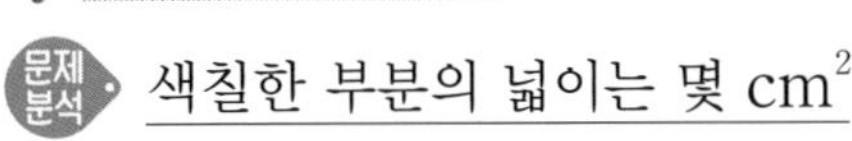

20 / 14

해결전략 4, 빼는

풀이

❶ (정사각형 ㄱㄴㄷㄹ의 넓이)$=20\times20$
$=400\ (cm^2)$

❷ 사각형 ㄱㄴㄷㄹ은 정사각형이므로
(선분 ㅇㄷ의 길이)$=20-14=6$ (cm)입니다.
삼각형 ㄱㅂㅁ, 삼각형 ㄴㅅㅂ, 삼각형 ㄷㅇㅅ, 삼각형 ㄹㅁㅇ은 합동인 직각삼각형이므로
(합동인 직각삼각형 4개의 넓이의 합)
$=14\times6\div2\times4=168\ (cm^2)$입니다.

❸ (색칠한 부분의 넓이)
$=$(정사각형 ㄱㄴㄷㄹ의 넓이)
$-$(합동인 직각삼각형 4개의 넓이의 합)
$=400-168=232\ (cm^2)$

답 $232\ cm^2$

5
규칙과 대응

문제 분석 준성이가 19라고 말할 때 선아가 답해야 하는 수
22 / 28 / 34

풀이 ❶ 22, 28, 34 / 6 / 3, 1
❷ 3, 1, 58 / 58

답 58

6
규칙과 대응

문제 분석 태우가 쓴 수를 보고 수호가 51이라고 답했을 때 태우가 쓴 수
19 / 31 / 43

풀이

❶

태우가 쓴 수(□)	5	8	11
수호가 답한 수(△)	19	31	43

□가 3씩 커질 때마다 △는 12씩 커집니다.
□와 △ 사이의 대응 관계를 식으로 나타내면
$\square \times 4-1=\triangle$입니다.
❷ $\triangle=51$일 때 $\square \times 4-1=51$,
$\square \times 4=52$, $\square=13$입니다.
따라서 수호가 51이라고 답했을 때 태우가 쓴 수는 13입니다.

답 13

7
평균과 가능성

문제 분석 현서의 과학 점수는 몇 점
2

해결 전략 2

풀이 ❶ 81 / 340, 85
❷ 85, 87
❸ 87, 348 / 348, 77 / 348, 254, 94

답 94

8
평균과 가능성

문제 분석 희수는 줄넘기를 적어도 몇 회 해야 합니까?
잘했습니다

해결 전략 주호, 재희

풀이
❶ (주호네 모둠의 줄넘기 평균 기록)
$=(47+38+35+44)\div 4$
$=164\div 4=41$(회)
❷ 재희네 모둠의 줄넘기 평균 기록은 41회 초과가 되어야 합니다.
재희네 모둠의 줄넘기 기록의 합은 적어도
$41\times 5+1=206$(회)이어야 하므로
희수는 줄넘기를 적어도
$206-(29+51+43+48)$
$=206-171=35$(회) 해야 합니다.

답 35회

적용하기 18~21쪽

1
약분과 통분

분모에 더해야 하는 수를 □라고 하면
$\frac{3}{5}=\frac{3+12}{5+\square}=\frac{15}{5+\square}$이고
$\frac{3}{5}=\frac{3\times 5}{5\times 5}=\frac{15}{25}$이므로 $\frac{15}{5+\square}=\frac{15}{25}$입니다.
➡ $5+\square=25$, $\square=20$
따라서 분모에 20을 더해야 분수의 크기가 변하지 않습니다.

답 20

2
분수의 곱셈

㉠은 $\frac{2}{3}$와 $\frac{6}{7}$의 가운데에 있으므로 $\frac{2}{3}$와 ㉠ 사이의 거리는 $\frac{2}{3}$와 $\frac{6}{7}$ 사이의 거리의 $\frac{1}{2}$입니다.
➡ ($\frac{2}{3}$와 ㉠ 사이의 거리)$=\left(\frac{6}{7}-\frac{2}{3}\right)\times\frac{1}{2}$
$=\left(\frac{18}{21}-\frac{14}{21}\right)\times\frac{1}{2}$
$=\frac{\overset{2}{\cancel{4}}}{21}\times\frac{1}{\underset{1}{\cancel{2}}}=\frac{2}{21}$

따라서 ㉠이 가리키는 수는 $\frac{2}{3}$보다 $\frac{2}{21}$ 큰 수이므로

㉠$=\frac{2}{3}+\frac{2}{21}=\frac{14}{21}+\frac{2}{21}=\frac{16}{21}$입니다.

답 $\frac{16}{21}$

3 규칙과 대응

남은 물의 양은 500 L에서 1분이 지날 때마다 4 L씩 적어지므로 물을 사용한 시간을 ◇(분), 물탱크에 남은 물의 양을 ○(L)라고 할 때 두 양 사이의 대응 관계를 식으로 나타내면
500－◇×4＝○입니다.
○＝320일 때 500－◇×4＝320,
◇×4＝180, ◇＝45입니다.
따라서 물탱크에 남은 물이 320 L가 될 때는 물을 사용한지 45분 후입니다.

답 45분 후

4 자연수의 혼합 계산

(승우가 받은 거스름돈)
＝10000－(복숭아 3개의 값)－(사과 4개의 값)
＝10000－(8000÷5×3)－(6300÷6×4)
＝10000－4800－4200＝1000(원)

답 1000원

5 소수의 곱셈

어머니의 몸무게는 58 kg이므로
(솔이의 몸무게)＝58×0.7－2
＝40.6－2＝38.6 (kg)입니다.
➡ (아버지의 몸무게)＝38.6×1.8＝69.48 (kg)

답 69.48 kg

6 분수의 덧셈과 뺄셈

집에서 학교까지의 거리를 1이라고 하면
(집에서 우체국까지의 거리)
＝(집에서 은행까지의 거리)
　＋(은행에서 우체국까지의 거리)
$=\frac{1}{2}+\frac{3}{8}=\frac{4}{8}+\frac{3}{8}=\frac{7}{8}$

우체국에서 학교까지의 거리는 집에서 학교까지 거리의 $1-\frac{7}{8}=\frac{1}{8}$입니다.

따라서 집에서 학교까지 거리의 $\frac{1}{8}$이 90 m이므로 집에서 학교까지의 거리는 90×8＝720 (m)입니다.

답 720 m

7 다각형의 둘레와 넓이

8조각으로 자른 나무판 한 개의 긴 변의 길이는 40 cm, 짧은 변의 길이는 40÷8＝5 (cm)입니다.
(가 틀 안의 넓이)＝40×(40－5－5)
　＝40×30＝1200 (cm^2)
(나 틀 안의 넓이)＝(40－5)×(40－5)
　＝35×35＝1225 (cm^2)
따라서 1225＞1200이므로 나 틀 안의 넓이가 더 넓습니다.

답 나

8 자연수의 혼합 계산

(야구공 4개의 무게)
＝(동화책 1권의 무게)＝580 g이므로
(야구공 1개의 무게)＝580÷4＝145 (g)입니다.
➡ (빈 상자의 무게)
　＝(동화책 2권의 무게)－(야구공 7개의 무게)
　＝580×2－145×7
　＝1160－1015＝145 (g)

답 145 g

(야구공 4개의 무게)＝(동화책 1권의 무게)이므로
(야구공 8개의 무게)＝(동화책 2권의 무게)입니다.
➡ (빈 상자의 무게)
　＝(동화책 2권의 무게)－(야구공 7개의 무게)
　＝(야구공 8개의 무게)－(야구공 7개의 무게)
　＝(야구공 1개의 무게)
　＝(동화책 1권의 무게)÷4
　＝580÷4＝145 (g)

9 분수의 덧셈과 뺄셈

전체 일의 양을 1이라고 하면 하루 동안 하는 일의 양은 혜진이는 $\frac{1}{12}$, 성수는 $\frac{1}{6}$, 보라는 $\frac{1}{4}$입니다.

(세 사람이 함께 하루 동안 하는 일의 양)

$=\frac{1}{12}+\frac{1}{6}+\frac{1}{4}=\frac{2}{24}+\frac{4}{24}+\frac{6}{24}$

$=\frac{\overset{1}{\cancel{12}}}{\underset{2}{\cancel{24}}}=\frac{1}{2}$

따라서 세 사람이 함께 한다면 일을 끝내는 데 2일이 걸립니다.

답 2일

10 소수의 곱셈

2분 15초$=2\frac{\overset{1}{\cancel{15}}}{\underset{4}{\cancel{60}}}$분$=2\frac{1}{4}$분$=2\frac{25}{100}$분$=2.25$분

(터널을 완전히 통과하는 데 기차가 달린 거리)

$=1.9\times2.25=4.275$ (km)

(터널 2개의 길이의 합)

$=700$ m$+700$ m$=1400$ m$=1.4$ km

(기차의 길이)$=365$ m$=0.365$ km

➡ (터널 사이의 거리)

=(터널을 완전히 통과하는 데 기차가 달린 거리)

−(터널 2개의 길이의 합)−(기차의 길이)

$=4.275-1.4-0.365=2.51$ (km)

답 2.51 km

도전, 창의사고력 22쪽

• 가 상자를 묶는 데 끈이 가로로 2번, 세로로 4번, 높이로 2번 지나갔고, 리본 모양으로 매듭을 짓는 데 사용한 끈의 길이는 25 cm입니다.

➡ (가 상자를 묶는 데 필요한 전체 끈의 길이)

$=(35\times2)+(30\times4)+(25\times2)+25$

$=240+25=265$ (cm)

• 나 상자를 묶는 데 끈이 가로로 2번, 세로로 2번, 높이로 4번 지나갔고, 리본 모양으로 매듭을 짓는 데 사용한 끈의 길이는 25 cm입니다.

➡ (나 상자를 묶는 데 필요한 전체 끈의 길이)

$=(35\times2)+(30\times2)+(25\times4)+25$

$=230+25=255$ (cm)

• 다 상자를 묶는 데 끈이 가로로 4번, 세로로 2번, 높이로 2번 지나갔고, 리본 모양으로 매듭을 짓는 데 사용한 끈의 길이는 25 cm입니다.

➡ (다 상자를 묶는 데 필요한 전체 끈의 길이)

$=(35\times4)+(30\times2)+(25\times2)+25$

$=250+25=275$ (cm)

따라서 산타클로스가 사용할 수 있는 끈으로 묶을 수 없는 상자는 다 상자입니다.

다 상자

그림을 그려 해결하기

전략 세움

익히기 24~31쪽

1 분수의 덧셈과 뺄셈

문제분석 아무것도 심지 않은 부분은 밭 전체의 몇 분의 몇

$\frac{7}{10}$ / $\frac{1}{4}$

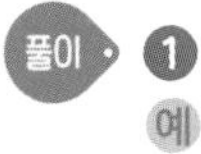

❶ 예

고구마를 심은 부분 / 감자를 심은 부분 / 나머지

❷ $\frac{7}{10}$, $\frac{1}{4}$, $\frac{19}{20}$

❸ $\frac{19}{20}$, $\frac{1}{20}$

답 $\frac{1}{20}$

참고 ❷ $\frac{7}{10}+\frac{1}{4}=\frac{14}{20}+\frac{5}{20}$

$=\frac{19}{20}$

2

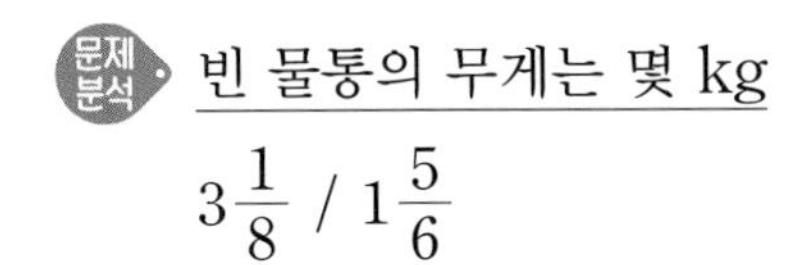
문제 분석 빈 물통의 무게는 몇 kg

$3\frac{1}{8}$ / $1\frac{5}{6}$

풀이

❶ 예

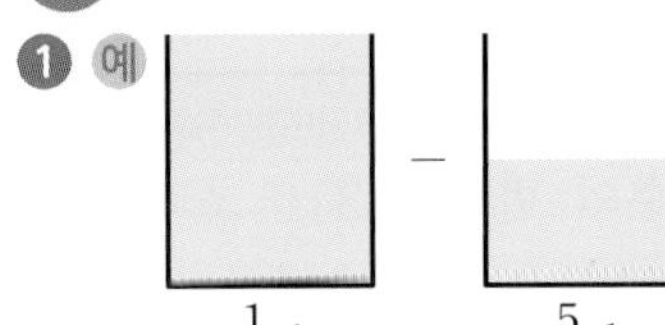

❷ (물 절반의 무게)

$=3\frac{1}{8}-1\frac{5}{6}=3\frac{3}{24}-1\frac{20}{24}$

$=2\frac{27}{24}-1\frac{20}{24}=1\frac{7}{24}$ (kg)

❸ (빈 물통의 무게)

=(물이 절반 들어 있는 물통의 무게)

−(물 절반의 무게)

$=1\frac{5}{6}-1\frac{7}{24}=1\frac{20}{24}-1\frac{7}{24}$

$=\frac{13}{24}$ (kg)

답 $\frac{13}{24}$ kg

3

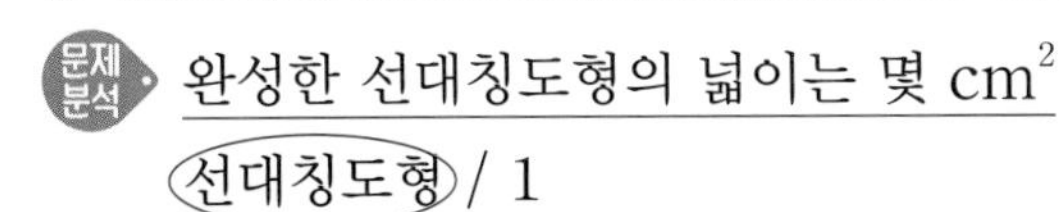
문제 분석 완성한 선대칭도형의 넓이는 몇 cm^2

선대칭도형 / 1

해결 전략 직선 ㄴㄷ

풀이 ❶ 대칭축을 중심으로 각 점의 대응점을 찾아 표시한 후 각 대응점을 이어 선대칭도형을 완성합니다.

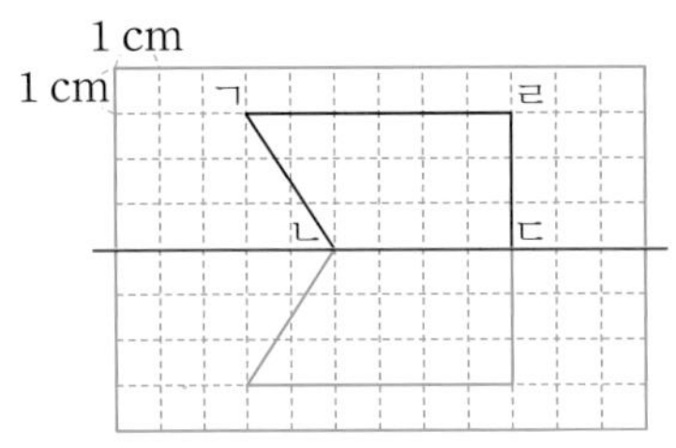

❷ 4, 3 / 4, 3, 15

❸ 2 / 15, 2, 30

답 30

4

문제 분석 완성한 점대칭도형의 넓이는 몇 cm^2

점대칭도형 / 1

해결 전략 점 ㅇ

풀이

❶ 각 점에서 점 ㅇ까지의 거리가 같도록 대응점을 찾아 표시한 후 각 대응점을 이어 점대칭도형을 완성합니다.

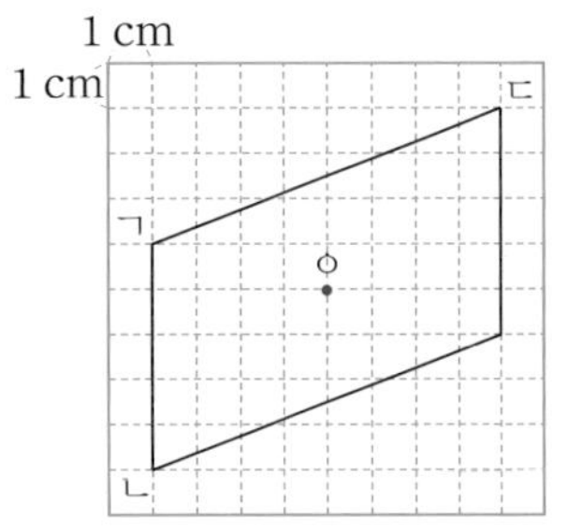

❷ 완성한 점대칭도형은 평행사변형이고, 모눈 한 칸의 길이가 1 cm이므로 평행사변형의 밑변의 길이는 5 cm, 높이는 8 cm입니다.

➡ (완성한 점대칭도형의 넓이)

$=5\times8=40$ (cm^2)

답 40 cm^2

5

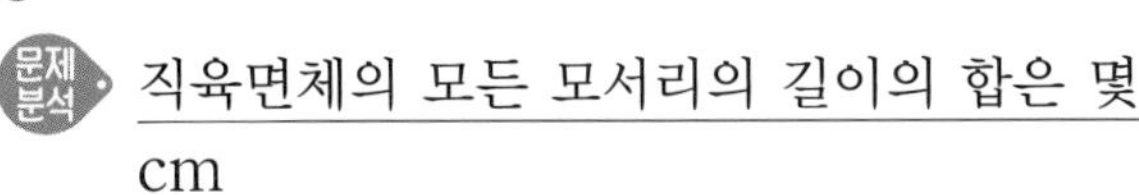
문제 분석 직육면체의 모든 모서리의 길이의 합은 몇 cm

12, 7 / 12, 9

풀이 ❶ • 위에서 본 모양은 직육면체의 밑면의 모양과 같습니다.

• 앞에서 본 모양의 세로는 직육면체의 높이와 같습니다.

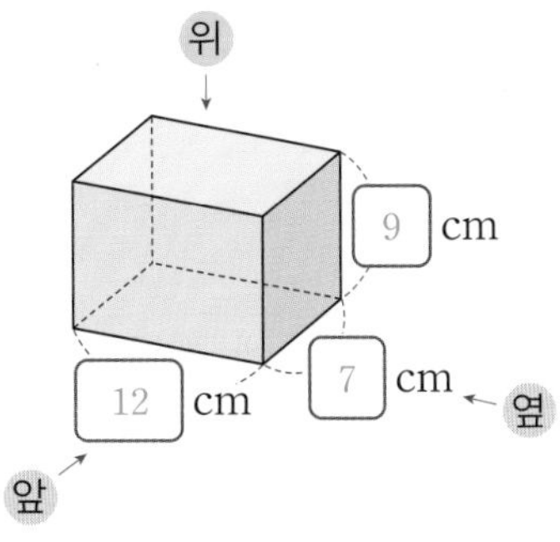

❷ 4, 4, 4 / 48, 28, 36 / 112

답 112

6

직육면체

직육면체의 모든 모서리의 길이의 합은 몇 cm

6, 8 / 11, 8

❶ • 앞에서 본 모양의 가로는 직육면체의 밑면의 가로와 같고 세로는 직육면체의 높이와 같습니다.

• 옆에서 본 모양의 가로는 직육면체의 밑면의 세로와 같습니다.

직육면체의 겨냥도를 그리면 다음과 같습니다.

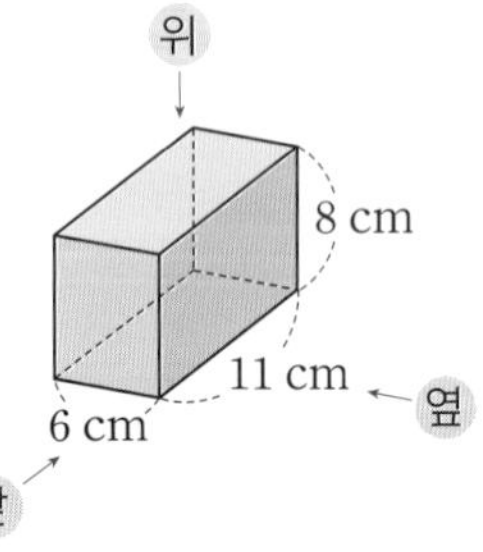

❷ (직육면체의 모든 모서리의 길이의 합)

$=6\times4+11\times4+8\times4$

$=24+44+32=100$ (cm)

답 100 cm

7

수의 범위와 어림하기

주현이네 반 학생 수는 몇 명이 될 수 있는지 모두 구하시오.

24 / 38 / 31

풀이 ❶ 예

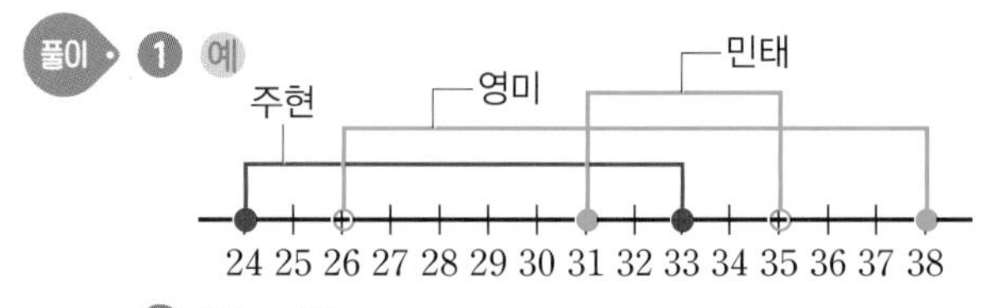

❷ 31, 33

❸ 31, 32, 33

답 31, 32, 33

8

수의 범위와 어림하기

문제분석 형준이 삼촌 결혼식에 온 하객 수는 몇 명이 될 수 있는지 모두 구하시오.

320 / 310

풀이

❶ • 올림하여 십의 자리까지 나타낸 수가 320이 되는 수의 범위: 310 초과 320 이하인 수

• 반올림하여 십의 자리까지 나타낸 수가 310이 되는 수의 범위: 305 이상 315 미만인 수

하객 수의 범위를 수직선에 각각 나타내면 다음과 같습니다.

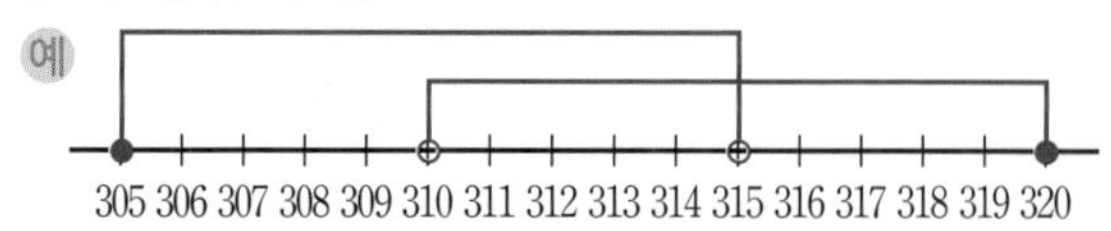

❷ 수직선의 공통된 수의 범위는 310 초과 315 미만입니다.

❸ 형준이 삼촌 결혼식에 온 하객 수는 311명, 312명, 313명, 314명이 될 수 있습니다.

답 311명, 312명, 313명, 314명

적용하기

32~35쪽

1

약분과 통분

다음과 같이 수직선으로 나타내면 $\frac{2}{3}$와 1 사이에 간격을 같게 하여 3개의 수를 넣으면 4칸이 되고 0과 1 사이는 12칸이 됩니다.

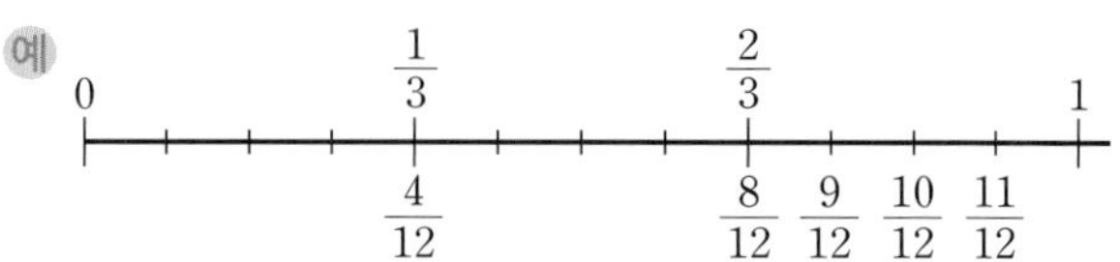

따라서 3개의 수는 $\frac{9}{12}$, $\frac{10}{12}$, $\frac{11}{12}$이므로 이 수를 기약분수로 나타내면 $\frac{3}{4}$, $\frac{5}{6}$, $\frac{11}{12}$입니다.

답 $\frac{3}{4}$, $\frac{5}{6}$, $\frac{11}{12}$

2

분수의 곱셈

민영이가 만든 체스판을 그려 보면 오른쪽과 같습니다.

검은색이 칠해진 부분은 전체 64칸 중 32칸이므로 검은색이 칠해진 부분의 넓이는 체스판의 넓이의 $\frac{1}{2}$입니다.

➡ (검은색이 칠해진 부분의 넓이)

$=\frac{1}{5}\times\frac{1}{5}\times\frac{1}{2}=\frac{1}{50}$ (m^2)

답 $\frac{1}{50}$ m^2

3
소수의 곱셈

색 테이프 4장을 이어 붙인 것을 그림으로 나타내면 다음과 같습니다.

예 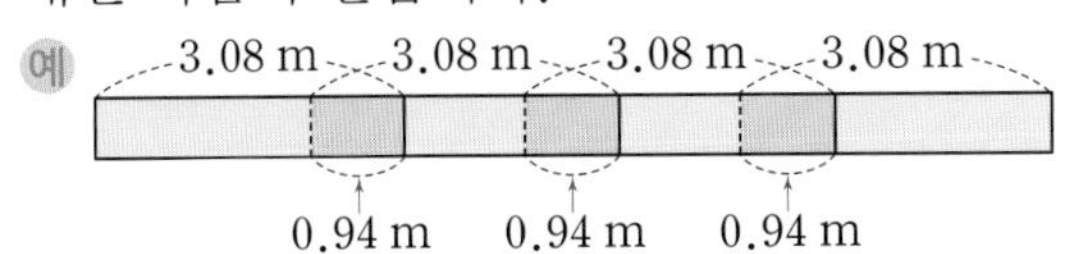

(색 테이프 4장의 길이의 합)

$=3.08\times4=12.32$ (m)

색 테이프 4장을 이어 붙이면 겹치는 부분은 3군데이므로

(겹쳐진 부분의 길이의 합)

$=0.94\times3=2.82$ (m)입니다.

➡ (이어 붙인 색 테이프의 전체 길이)

$=12.32-2.82=9.5$ (m)

 9.5 m

4
평균과 가능성

바둑돌을 두 접시에 똑같은 개수만큼 나누어 담는 경우는 다음과 같습니다.

따라서 같은 색 바둑돌끼리만 담을 가능성은 $\frac{1}{2}$ 입니다.

 $\frac{1}{2}$

참고 두 접시는 모양과 크기가 같으므로 두 접시의 순서가 바뀐 경우는 한 가지로 생각합니다.

5
합동과 대칭

점대칭도형이므로

(각 ㅁㄹㄷ의 크기)=(각 ㄴㄱㅂ의 크기)=90°,

(각 ㄴㄷㄹ의 크기)=(각 ㅁㅂㄱ의 크기)=140°,

(각 ㄱㄴㄷ의 크기)=(각 ㄹㅁㅂ의 크기)입니다.

육각형은 오른쪽과 같이 사각형 2개로 나눌 수 있으므로

(육각형의 모든 각의 크기의 합)

=(사각형의 네 각의 크기의 합) $\times2$

$=360°\times2=720°$입니다.

따라서 ((각 ㄱㄴㄷ의 크기)$+140°+90°)\times2$ $=720°$이므로

(각 ㄱㄴㄷ의 크기)$+140°+90°=360°$,

(각 ㄱㄴㄷ의 크기)$=360°-140°-90°=130°$ 입니다.

답 130°

6
다각형의 둘레와 넓이

색칠한 부분을 모양과 크기가 같은 겹쳐진 평행사변형으로 나누면 오른쪽과 같습니다.

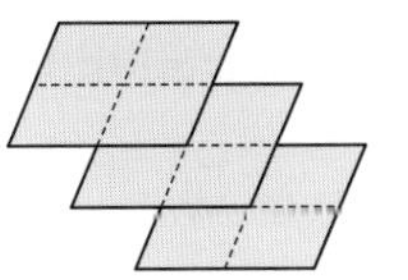

➡ (색칠한 부분의 넓이)

$=(12\times8)\div4\times10$

$=96\div4\times10=24\times10=240$ (cm^2)

답 240 cm^2

7
분수의 덧셈과 뺄셈

각각의 추의 무게를 그림으로 나타내면 다음과 같습니다.

예 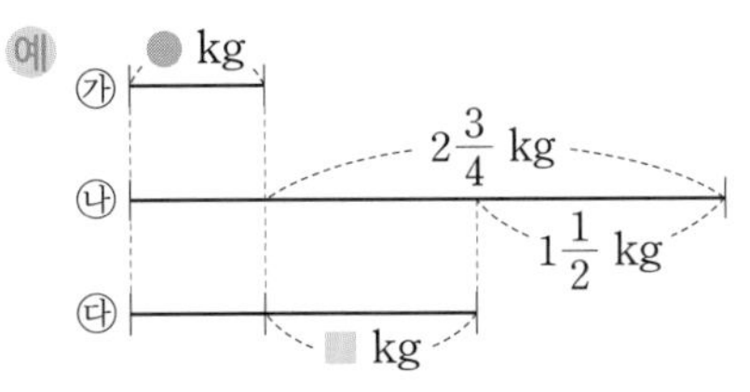

$■=2\frac{3}{4}-1\frac{1}{2}=2\frac{3}{4}-1\frac{2}{4}=1\frac{1}{4}$

$●+●+●=6\frac{2}{5}-2\frac{3}{4}-1\frac{1}{4}$

$=6\frac{8}{20}-2\frac{15}{20}-1\frac{5}{20}$

$=5\frac{28}{20}-2\frac{15}{20}-1\frac{5}{20}$

$=3\frac{13}{20}-1\frac{5}{20}=2\frac{8}{20}=2\frac{2}{5}$

$2\frac{2}{5}=\frac{12}{5}=\frac{4}{5}+\frac{4}{5}+\frac{4}{5}$이므로 $●=\frac{4}{5}$ 입니다.

따라서 추 ㉮의 무게는 $\frac{4}{5}$ kg입니다.

답 $\frac{4}{5}$ kg

8
수의 범위와 어림하기

- 버림하여 백의 자리까지 나타낸 수가 3000이 되는 수의 범위: 3000 이상 3100 미만인 수
- 반올림하여 백의 자리까지 나타낸 수가 3000이 되는 수의 범위: 2950 이상 3050 미만인 수

어떤 수의 범위를 수직선에 나타내면 다음과 같습니다.

예
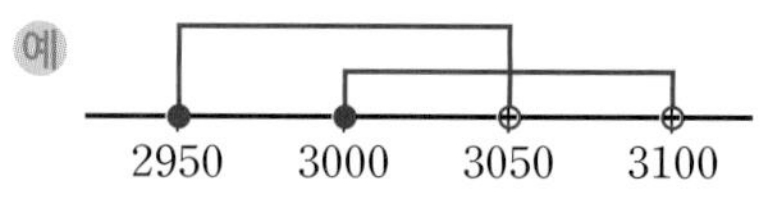

따라서 어떤 수는 3000 이상 3050 미만인 자연수이므로 어떤 수가 될 수 있는 수는 3000, 3001, 3002⋯⋯3049로 모두 50개입니다.

답 50개

9 　직육면체

직육면체의 전개도를 완성하면 오른쪽과 같습니다.

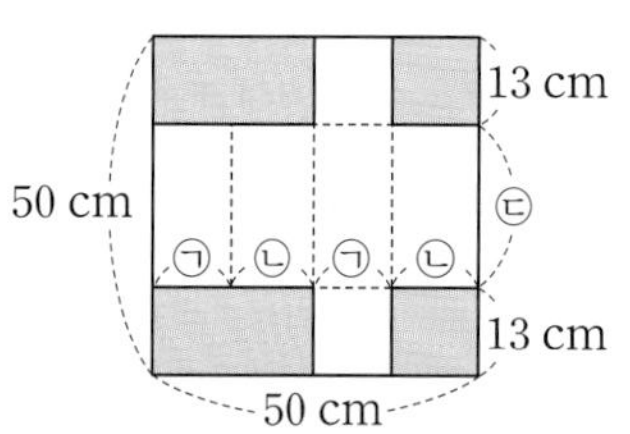

전개도에서 서로 만나는 선분의 길이는 같으므로 ㉡=13 cm입니다.

㉠+㉡=50÷2=25 (cm)이므로

㉠=25−㉡=25−13=12 (cm)입니다.

㉢=50−(13+13)=50−26=24 (cm)입니다.

따라서 직육면체의 겨냥도에서 보이는 모서리는 12 cm인 모서리가 3개, 13 cm인 모서리가 3개, 24 cm인 모서리가 3개이므로

(직육면체의 겨냥도에서 보이는 모서리의 길이의 합)

=(12×3)+(13×3)+(24×3)

=36+39+72=147 (cm)입니다.

답 147 cm

10 　다각형의 둘레와 넓이

정사각형 모양의 엽서 24장을 이어 붙이는 방법은 1줄로 24장을 붙이는 경우, 2줄로 12장을 붙이는 경우, 3줄로 8장을 붙이는 경우, 4줄로 6장을 붙이는 경우가 있습니다.

➡ (직사각형의 둘레)=(240+10)×2

=250×2=500 (cm)

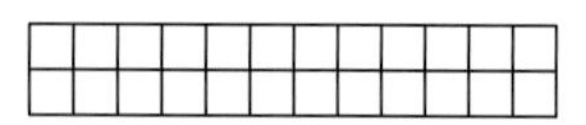

➡ (직사각형의 둘레)=(120+20)×2

=140×2=280 (cm)

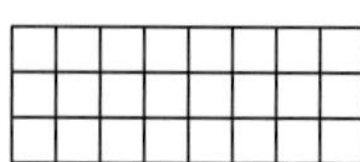

➡ (직사각형의 둘레)=(80+30)×2

=110×2=220 (cm)

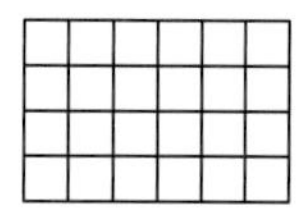

➡ (직사각형의 둘레)=(60+40)×2

=100×2=200 (cm)

따라서 만들 수 있는 직사각형 중 둘레가 가장 짧을 때의 둘레는 200 cm입니다.

답 200 cm

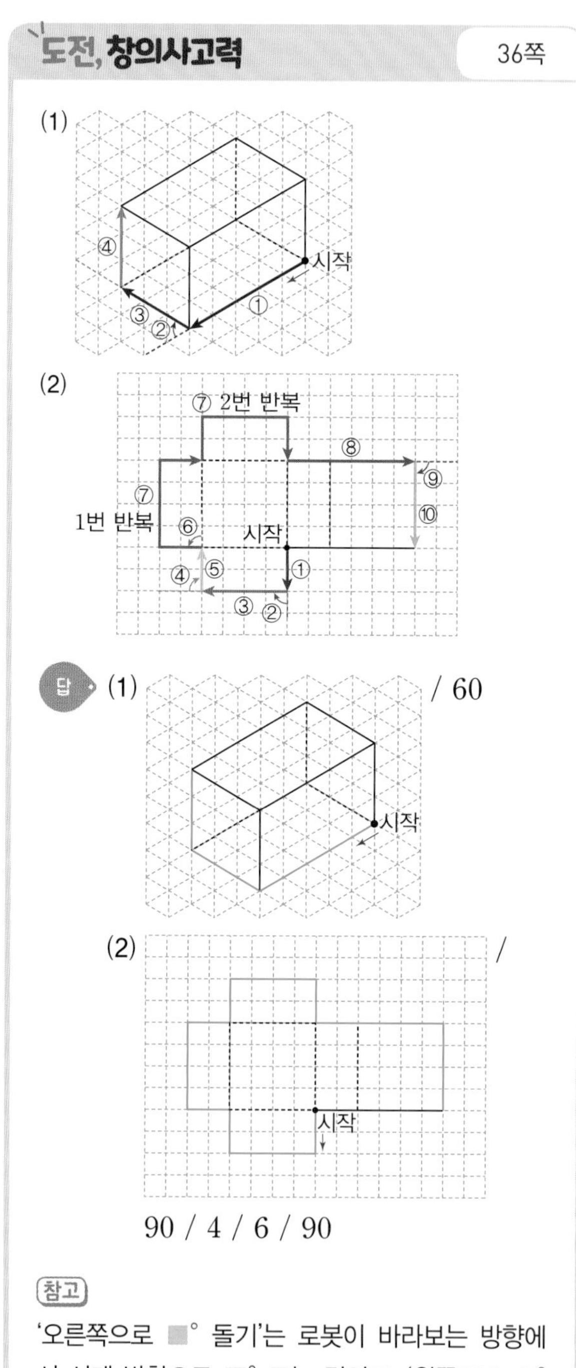

참고

'오른쪽으로 ■° 돌기'는 로봇이 바라보는 방향에서 시계 방향으로 ■° 도는 것이고, '왼쪽으로 ▲° 돌기'는 로봇이 바라보는 방향에서 시계 반대 방향으로 ▲° 도는 것입니다.

표를 만들어 해결하기

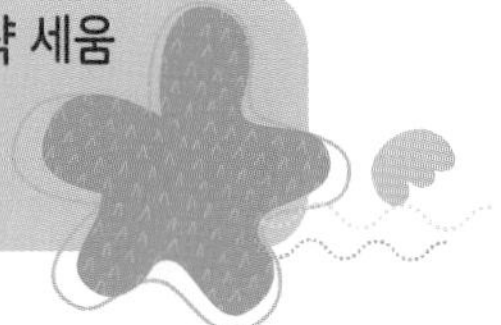

익히기 38~43쪽

1 약수와 배수

문제분석 ■에 들어갈 수 있는 숫자

3 / 4, 3, 7

해결전략 3

풀이

❶

■	0	1	2	3	4	5	6	7	8	9
각 자리 숫자의 합	14	15	16	17	18	19	20	21	22	23

❷ 18, 21 / 4, 7 / 4, 7

답 1, 4, 7

2 약수와 배수

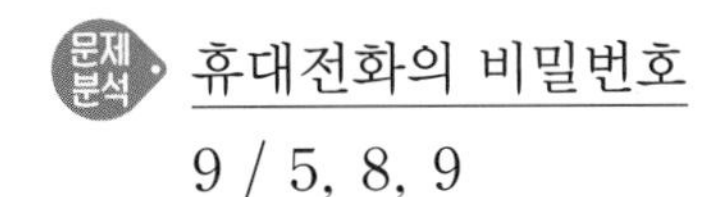
문제분석 휴대전화의 비밀번호

9 / 5, 8, 9

해결전략 9

풀이

❶

▲	0	1	2	3	4	5	6	7	8	9
각 자리 숫자의 합	22	23	24	25	26	27	28	29	30	31

❷ ❶의 표에서 각 자리 숫자의 합이 9의 배수인 경우는 27로 ▲가 5일 때입니다.
따라서 ▲에 들어갈 수 있는 숫자는 5이므로 휴대전화의 비밀번호는 5859입니다.

답 5859

3 다각형의 둘레와 넓이

문제분석 그릴 수 있는 직사각형 중 둘레가 가장 길 때의 둘레는 몇 cm

자연수 / 36

해결전략 36 / (약수) / 36

풀이 ❶ 9, 12, 18, 36

❷

가로 (cm)	1	2	3	4	6	9	12	18	36
세로 (cm)	36	18	12	9	6	4	3	2	1
둘레 (cm)	74	40	30	26	24	26	30	40	74

❸ 74

답 74

4 다각형의 둘레와 넓이

문제분석 그릴 수 있는 직사각형 중 둘레가 가장 짧을 때의 둘레는 몇 cm

자연수 / 48

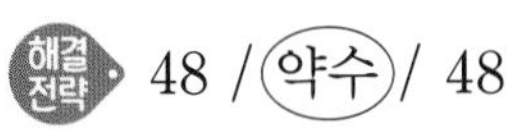
해결전략 48 / (약수) / 48

풀이

❶ 1, 2, 3, 4, 6, 8, 12, 16, 24, 48

❷

가로 (cm)	1	2	3	4	6	8	12	16	24	48
세로 (cm)	48	24	16	12	8	6	4	3	2	1
둘레 (cm)	98	52	38	32	28	28	32	38	52	98

❸ ❷의 표에서 둘레가 가장 짧은 직사각형의 둘레를 찾으면 28 cm입니다.

답 28 cm

5 규칙과 대응

문제분석 탁자가 8개일 때 필요한 의자는 몇 개

풀이 ❶

탁자의 수(개)	1	2	3	4	……
의자의 수(개)	4	6	8	10	……

2 / 2

❷ 8, 2, 18 / 18

답 18

6 규칙과 대응

문제분석 의자가 42개일 때 필요한 탁자는 몇 개

풀이

❶

탁자의 수(개)	1	2	3	4	……
의자의 수(개)	6	10	14	18	……

탁자의 수가 1개씩 늘어날 때마다 의자의 수는 4개씩 늘어납니다.

➡ 탁자의 수를 □, 의자의 수를 △라고 할 때 두 양 사이의 대응 관계를 식으로 나타내면 □×4+2=△입니다.

❷ △=42일 때 □×4+2=42, □×4=40, □=10입니다.
따라서 의자가 42개일 때 탁자는 10개 필요합니다.

답 10개

적용하기 44~47쪽

1
분수의 곱셈

$\frac{1}{㉠}\times\frac{1}{㉡}=\frac{1}{㉠\times㉡}=\frac{1}{28}$이므로
㉠×㉡=28입니다.
㉠×㉡=28이 되도록 표를 만들고 ㉠−㉡의 값을 구하면 다음과 같습니다.

㉠	28	14	7
㉡	1	2	4
㉠−㉡	27	12	3

따라서 ㉠=7, ㉡=4이므로 ㉠+㉡=11입니다.

답 11

2
규칙과 대응

판 과자의 수와 산 빵의 수에 따라 남는 돈을 구하면 다음과 같습니다.

판 과자의 수(개)	1	2	3	4	5	6	7	……
산 빵의 수(개)	0	0	1	1	2	2	3	……
남는 돈(원)	600	1200	400	1000	200	800	0	……

따라서 과자 7개를 판 돈으로 빵 3개를 모두 사면 남는 돈이 없으므로 적어도 과자 7개를 팔아야 합니다.

답 7개

3
소수의 곱셈

색연필 한 자루를 팔 때 이익은
1200×0.25=300(원)입니다.
판 색연필의 수와 이익을 표로 나타내면 다음과 같습니다.

판 색연필의 수(자루)	……	5	6	7	8	9	……
이익(원)	……	1500	1800	2100	2400	2700	……

따라서 이익이 2700원일 때 판 색연필은 9자루입니다.

답 9자루

4
다각형의 둘레와 넓이

(밑변의 길이)+(높이)=25 cm가 되도록 표를 만들고 삼각형의 넓이를 구하면 다음과 같습니다.

밑변의 길이(cm)	……	17	16	15	14	13
높이(cm)	……	8	9	10	11	12
((밑변의 길이)×(높이))(cm^2)	……	136	144	150	154	156
삼각형의 넓이(cm^2)	……	68	72	75	77	78

따라서 삼각형의 넓이가 77 cm^2일 때 삼각형의 밑변의 길이와 높이의 차는 14−11=3 (cm)입니다.

답 3 cm

5
규칙과 대응

배열 순서와 수를 표로 나타내면 다음과 같습니다.

배열 순서	1	2	3	4	5	……
수	2	5	8	11	14	……

배열 순서를 △, 수를 ○라고 할 때 두 양 사이의 대응 관계를 식으로 나타내면
○=△×3−1입니다.
△=25일 때 ○=25×3−1=74입니다.
따라서 25째 수는 74입니다.

답 74

6
약수와 배수

12) 가 나
   ㉠ ㉡

가$=12\times$㉠, 나$=12\times$㉡이라고 하면
(최소공배수)$=12\times$㉠$\times$㉡입니다.
$12\times$㉠$\times$㉡$=360$, ㉠$\times$㉡$=360\div12=30$이 되도록 표를 만들고 가$-$나를 구하면 다음과 같습니다.

㉠	30	15	10	6
㉡	1	2	3	5
가(12×㉠)	360	180	120	72
나(12×㉡)	12	24	36	60
가－나	348	156	84	12

따라서 가와 나의 차가 가장 작을 때 가는 72, 나는 60입니다.

답 가: 72, 나: 60

7
평균과 가능성

각 동전은 그림 면 또는 숫자 면이 나올 수 있습니다.
500원짜리 동전 3개를 던졌을 때 나오는 경우를 표에 나타내면 다음과 같습니다.

동전	동전의 면							
① 500원	그림	그림	그림	숫자	그림	숫자	숫자	숫자
② 500원	그림	그림	숫자	그림	숫자	그림	숫자	숫자
③ 500원	그림	숫자	그림	그림	숫자	숫자	그림	숫자

따라서 나올 수 있는 모든 경우는 8가지이고, 이 중 모두 같은 면이 나오는 경우는 2가지이므로 모두 같은 면이 나올 가능성은 $\frac{2}{8}=\frac{1}{4}$입니다.

답 $\frac{1}{4}$

8
규칙과 대응

정삼각형의 수와 성냥개비의 수 사이의 대응 관계를 표로 나타내면 다음과 같습니다.

정삼각형의 수(개)	1	2	3	4	5	……
성냥개비의 수(개)	3	5	7	9	11	……

정삼각형이 1개씩 늘어날 때마다 성냥개비는 2개씩 늘어납니다.
정삼각형의 수를 □, 성냥개비의 수를 △라고 할 때 두 양 사이의 대응 관계를 식으로 나타내면 $\square\times2+1=\triangle$입니다.
따라서 정삼각형을 15개 만드는 데 필요한 성냥개비는 $15\times2+1=31$(개)입니다.

답 31개

9
합동과 대칭

만들 수 있는 글자를 표에 나타내면 다음과 같습니다.

자음	ㄱ		ㄴ		ㄹ	
모음	ㅡ	ㅣ	ㅡ	ㅣ	ㅡ	ㅣ
만들 수 있는 글자	근, 글	긴, 길	늑, 늘	닉, 닐	륵, 른	릭, 린

위의 표에서 점대칭도형이 되는 글자를 찾으면 **근**, **늑**입니다.

답 근, 늑

10
자연수의 혼합 계산

사야 하는 2 kg짜리 설탕의 봉지 수를 □ 봉지, 8 kg짜리 설탕의 봉지 수를 △봉지라고 하면 50 kg을 사야 하므로
$2\times\square+8\times\triangle=50$입니다.
$2\times\square+8\times\triangle=50$이 되도록 표를 만들고 설탕의 값을 구하면 다음과 같습니다.

8 kg짜리 설탕		2 kg짜리 설탕		전체 설탕
봉지 수(△)	값	봉지 수(□)	값	값
1	3200원	21	17850원	21050원
2	6400원	17	14450원	20850원
3	9600원	13	11050원	20650원
4	12800원	9	7650원	20450원
5	16000원	5	4250원	20250원
6	19200원	1	850원	20050원

따라서 설탕을 가장 싸게 사려면 2 kg짜리 1봉지, 8 kg짜리 6봉지를 사야 합니다.

답 2 kg짜리: 1봉지, 8 kg짜리: 6봉지

참고 ① 표를 만들 때 8 kg짜리 설탕의 봉지 수를 먼저 나타내면 답을 구하기 쉽습니다.
② (2 kg짜리 한 봉지의 1 kg당 가격)
$=850\div2=425$(원),
(8 kg짜리 한 봉지의 1 kg당 가격)
$=3200\div8=400$(원)이므로
1 kg당 가격이 싼 8 kg짜리 설탕을 최대한 많이 사야 설탕을 가장 싸게 살 수 있습니다.

도전, 창의사고력 48쪽

• 미래의 예상이 틀린 경우

이름 \ 영화	A	B	C	D
지수		1위		4위
영우				2위

➡ D 영화가 2위이면서 4위가 될 수 없습니다.
따라서 미래의 예상은 맞습니다.

• 지수의 예상이 틀린 경우

이름 \ 영화	A	B	C	D
미래	3위		1위	
지수		~~1위~~		~~4위~~
영우				2위

➡ B 영화는 4위입니다.

• 영우의 예상이 틀린 경우

이름 \ 영화	A	B	C	D
미래	3위		1위	
지수		1위		4위

➡ B 영화와 C 영화가 동시에 1위가 될 수 없습니다.
따라서 영우의 예상은 맞습니다.

따라서 미래와 영우의 예상만 맞으므로 영화 관객 수의 순위는 1위 C 영화, 2위 D 영화, 3위 A 영화, 4위 B 영화입니다.

답 **A: 3위, B: 4위, C: 1위, D: 2위**

거꾸로 풀어 해결하기

전략 세움

익히기 50~55쪽

1 자연수의 혼합 계산

문제분석 ■에 알맞은 수

13

풀이 ❶ 18, 8 / 13 / 18, 8, 13
❷ 18, 8, 13 / 18, 5 / 13 / 12 / 4

답 4

2 자연수의 혼합 계산

문제분석 ●에 알맞은 수

56 / 47

해결전략  ▲/●

풀이

❶ (75−▲)÷4×7=56이므로
(75−▲)÷4=8, 75−▲=32,
▲=43입니다.

❷ 215÷▲+6×●=47이므로
215÷43+6×●=47,
5+6×●=47, 6×●=42,
●=7입니다.
따라서 ●에 알맞은 수는 7입니다.

답 7

3 약분과 통분

문제분석 두 친구가 설명하는 분수

54, $\frac{1}{8}$

해결전략 (합)/(합)

풀이 ❶ 9 / 9, 6
❷ 6, $\frac{1\times\boxed{6}}{8\times\boxed{6}}=\boxed{\frac{6}{48}}$ / $\frac{6}{48}$

답 $\frac{6}{48}$

4

약분과 통분

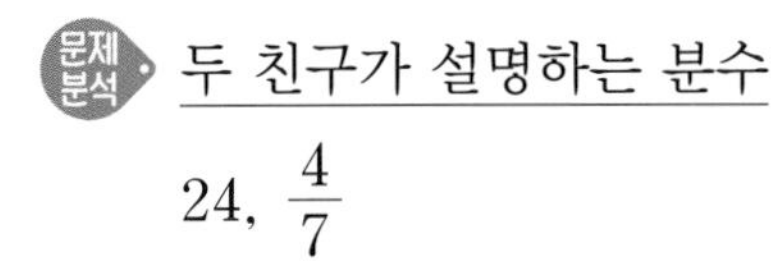

문제분석 두 친구가 설명하는 분수

24, $\frac{4}{7}$

해결전략 (차)/(차)

풀이

❶ $\frac{4}{7}$의 분모와 분자의 차가 $7-4=3$이므로

24는 $\frac{4}{7}$의 분모와 분자의 차의

$24\div3=8$(배)입니다.

❷ 24는 $\frac{4}{7}$의 분모와 분자의 차인 3의 8배이므로

$\frac{4}{7}$의 분모와 분자에 각각 8을 곱하면

$\frac{4}{7}=\frac{4\times8}{7\times8}=\frac{32}{56}$입니다.

따라서 두 친구가 설명하는 분수는 $\frac{32}{56}$입니다.

답 $\frac{32}{56}$

5

합동과 대칭

문제분석 모눈 한 칸의 한 변의 길이는 몇 cm

(점대칭도형) / 224

풀이 ❶

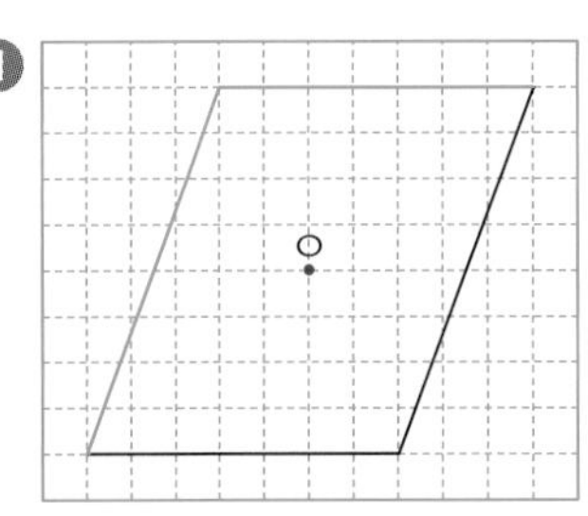

❷ 7, 8 / 7, 8, 56, 4

❸ 2, 2, 2

답 2

6

합동과 대칭

문제분석 모눈 한 칸의 한 변의 길이는 몇 cm

(점대칭도형) / 270

풀이

❶ 각 점에서 대칭의 중심까지의 거리가 같도록 대응점을 찾아 표시한 후 각 대응점을 이어 점대칭도형을 완성하면 평행사변형이 만들어 집니다.

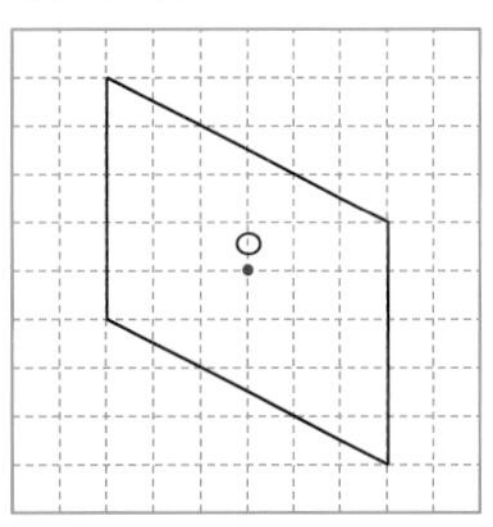

❷ 평행사변형의 밑변은 모눈 5칸, 높이는 모눈 6칸이므로 모눈 한 칸의 넓이를 □ cm^2라고 하면

$5\times6\times\square=270$, $30\times\square=270$,

$\square=9$입니다.

따라서 모눈 한 칸의 넓이는 9 cm^2입니다.

❸ $9=3\times3$이므로 모눈 한 칸의 한 변의 길이는 3 cm입니다.

답 3 cm

적용하기

56~59쪽

1

자연수의 혼합 계산

어떤 수를 □라고 하면

$\square\times5+28\div7=13\times3$이므로

$\square\times5+4=39$, $\square\times5=35$,

$\square=7$입니다.

따라서 어떤 수는 7입니다.

답 7

2

약수와 배수

최소공배수는 $26\times㉠\times3$이므로

$26\times㉠\times3=156$, $26\times㉠=52$,

㉠$=2$입니다.

➡ (지워진 수)$=26\times㉠$

$=26\times2=52$

답 52

3

분수의 덧셈과 뺄셈

(삼촌 댁에 드리기 전의 쌀의 무게)

$=\frac{1}{2}+6\frac{3}{8}=\frac{4}{8}+6\frac{3}{8}=6\frac{7}{8}$ (kg)

(떡을 만들기 전의 쌀의 무게)

$=6\frac{7}{8}+4\frac{3}{4}=6\frac{7}{8}+4\frac{6}{8}$

$=10\frac{13}{8}=11\frac{5}{8}$ (kg)

따라서 처음 쌀통에 들어 있던 쌀은 $11\frac{5}{8}$ kg입니다.

답 $11\frac{5}{8}$ kg

4 약분과 통분

(4로 약분하기 전의 분수)$=\frac{2\times4}{9\times4}=\frac{8}{36}$

(분모에서 8을 빼기 전의 분수)$=\frac{8}{36+8}=\frac{8}{44}$

따라서 어떤 분수는 $\frac{8}{44}$이고, 기약분수로 나타내면 $\frac{\overset{2}{\cancel{8}}}{\underset{11}{\cancel{44}}}=\frac{2}{11}$입니다.

답 $\frac{2}{11}$

5 다각형의 둘레와 넓이

가로를 □m라고 하면 세로는 (□×4) m입니다.
경작지의 넓이는 64 m^2이므로
□×(□×4)=64, □×□=16, □=4입니다.
따라서 가로는 4 m, 세로는 4×4=16 (m)이므로
직사각형 모양의 경작지의 둘레는
(4+16)×2=40 (m)입니다.

답 40 m

6 소수의 곱셈

10분 45초$=10\frac{\overset{3}{\cancel{45}}}{\underset{4}{\cancel{60}}}$분$=10\frac{3}{4}$분

$=10\frac{75}{100}$분$=10.75$분

처음 물통에 담겨 있던 물의 양을 □L라고 하면
□−1.2×10.75=2.1, □−12.9=2.1,
□=15입니다.
따라서 처음 물통에 담겨 있던 물은 15 L입니다.

답 15 L

7 수의 범위와 어림하기

올림하여 십의 자리까지 나타내면 370이므로
(어떤 수)+15의 범위는 360 초과 370 이하인 수입니다.
따라서 어떤 수의 범위는 345 초과 355 이하인 수입니다.

답
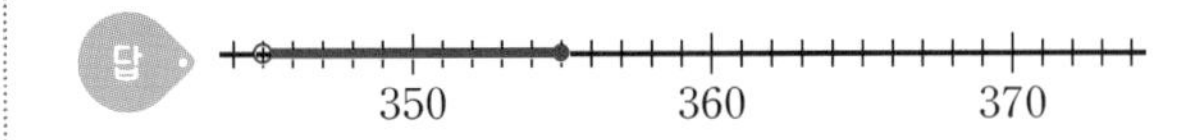

8 직육면체

전개도에서 실선으로 그려진 선분의 길이의 합이 직육면체의 전개도의 둘레입니다.

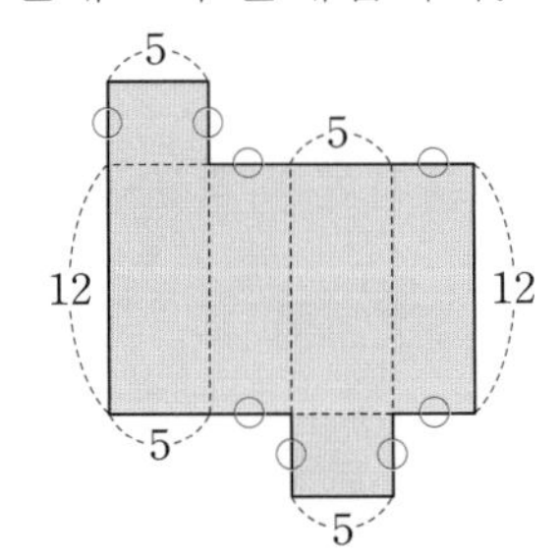

(5 cm인 실선의 길이의 합)=5×4=20 (cm)
(12 cm인 실선의 길이의 합)=12×2=24 (cm)
(□cm인 실선의 길이의 합)=(□×8) cm
(직육면체의 전개도의 둘레)
=(5 cm인 실선의 길이의 합)
+(12 cm인 실선의 길이의 합)
+(□cm인 실선의 길이의 합)이므로
20+24+□×8=76, 44+□×8=76,
□×8=32, □=4입니다.

답 4

9 평균과 가능성

(6학년 학생 수의 평균)

$=\frac{23+28+25+22+27}{5}=\frac{125}{5}=25$(명)

5학년 2반의 학생 수를 □명이라고 하면
24+□+26+25=25×4, 75+□=100,
□=25입니다.
4학년 3반의 학생 수를 △명이라고 하면
22+29+△=25×3, 51+△=75,
△=24입니다.
따라서 5학년 2반의 학생 수와 4학년 3반의 학생 수의 차는 25−24=1(명)입니다.

답 1명

10

삼각형 ㄱㄴㅅ에서 밑변을 선분 ㄴㅅ으로 할 때의 높이는 사다리꼴 ㄱㄴㅁㄹ의 높이와 같습니다.
(삼각형 ㄱㄴㅅ의 넓이)
$=36\times35\div2=630\ (cm^2)$이므로
$42\times$(사다리꼴의 높이)$\div2=630$,
$42\times$(사다리꼴의 높이)$=1260$,
(사다리꼴의 높이)$=30$ cm입니다.
따라서
(선분 ㄱㄹ의 길이)$=42+8=50$ (cm),
(선분 ㄴㅁ의 길이)$=42+8+42=92$ (cm)이므로
(사다리꼴 ㄱㄴㅁㄹ의 넓이)
$=(50+92)\times30\div2=2130\ (cm^2)$입니다.

답 $2130\ cm^2$

도전, 창의사고력 60쪽

토너먼트 방식으로 경기를 할 때 모두 7번을 하는 경우는 다음과 같습니다.

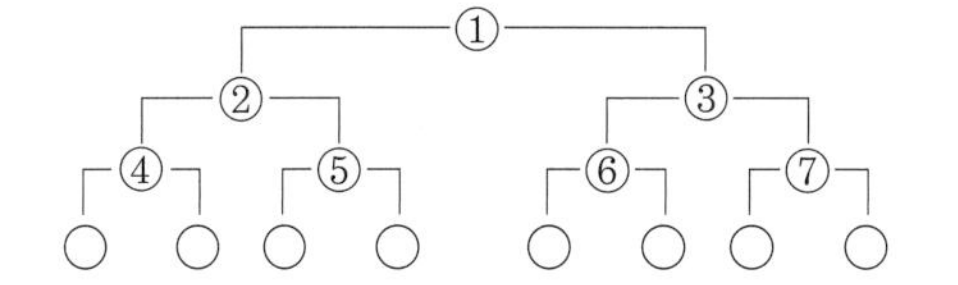

➡ 테니스 대회에 참가한 팀은 8팀입니다.
테니스 대회에 참가한 8팀이 리그 방식으로 경기를 진행한다면 경기를 모두 몇 번 해야 하는지 알아봅니다.
테니스 대회에 참가한 팀이 2팀일 때 경기 횟수: 1번
테니스 대회에 참가한 팀이 3팀일 때 경기 횟수:
$2+1=3$(번)
테니스 대회에 참가한 팀이 4팀일 때 경기 횟수:
$3+2+1=6$(번)
테니스 대회에 참가한 팀이 5팀일 때 경기 횟수:
$4+3+2+1=10$(번)
테니스 대회에 참가한 팀이 6팀일 때 경기 횟수:
$5+4+3+2+1=15$(번)
테니스 대회에 참가한 팀이 7팀일 때 경기 횟수:
$6+5+4+3+2+1=21$(번)
테니스 대회에 참가한 팀이 8팀일 때 경기 횟수:
$7+6+5+4+3+2+1=28$(번)
따라서 테니스 대회에 참가한 8팀이 리그 방식으로 경기를 한다면 모두 28번 해야 합니다.

28번

규칙을 찾아 해결하기

전략 세움

익히기 62~67쪽

1

소수의 곱셈

곱의 소수 50째 자리 숫자
0.8

50, 50

❶ 두 / 0.512, 세 / 0.4096, 네 / 0.32768, 다섯 / 2, 6
❷ 12, 2 / 2 / 4

답 4

2

소수의 곱셈

곱의 소수 99째 자리 숫자
1.9

99, 99

❶ $1.9=1.9$ ➡ 소수 한 자리 수
$1.9\times1.9=3.61$ ➡ 소수 두 자리 수
$1.9\times1.9\times1.9=6.859$ ➡ 소수 세 자리 수
$1.9\times1.9\times1.9\times1.9=13.0321$
➡ 소수 네 자리 수
$1.9\times1.9\times1.9\times1.9\times1.9=24.76099$
➡ 소수 다섯 자리 수

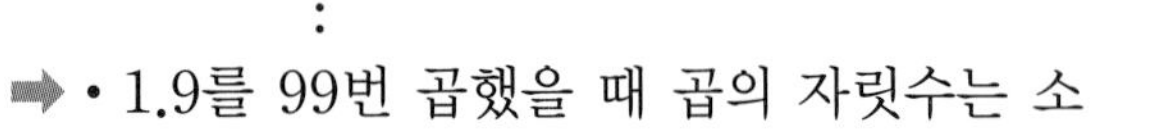

➡ • 1.9를 99번 곱했을 때 곱의 자릿수는 소수 99자리 수입니다.
• 1.9를 여러 번 곱했을 때 소수점 아래 끝자리 숫자는 9, 1이 반복되는 규칙입니다.

❷ $99 \div 2 = 49 \cdots 1$이므로 1.9를 99번 곱했을 때 소수점 아래 끝자리 숫자는 1.9를 1번 곱했을 때 소수점 아래 끝자리 숫자와 같습니다.
따라서 1.9를 99번 곱했을 때 소수 99째 자리 숫자는 9입니다.

답 9

3

규칙과 대응

문제분석 열째에 만들어지는 정사각형의 넓이는 몇 cm^2
16

풀이 ❶ 1, 4, 9 / 10, 10, 100
❷ 16, 4 / 4, 4, 16 / 16, 100, 1600

답 1600

4

규칙과 대응

문제분석 도형의 넓이가 756 cm^2일 때는 몇 째 도형
24

해결전략 756

풀이

❶ (가장 작은 정사각형의 한 변의 길이)
$= 24 \div 4 = 6$ (cm)
➡ (가장 작은 정사각형 한 개의 넓이)
$= 6 \times 6 = 36$ (cm^2)

❷ 첫째: 1개,
둘째: $1+2=3$(개),
셋째: $1+2+3=6$(개)……
■째 도형에서 가장 작은 정사각형은
$(1+2+\cdots\cdots+■)$개입니다.

❸ 도형의 넓이가 756 cm^2일 때 가장 작은 정사각형은 $756 \div 36 = 21$(개)이고,
$1+2+3+4+5+6=21$이므로 여섯째 도형입니다.

답 여섯째

5

규칙과 대응

문제분석 첫째부터 15째까지 늘어놓은 구슬은 모두 몇 개

해결전략 15

풀이 ❶ 4, 6, 2 / 1
❷ 8, 10, 12, 14, 16, 72 /
1, 1, 1, 1, 1, 7 /
72, 7, 79

답 79

6

규칙과 대응

문제분석 20째에 놓여진 바둑돌 중에서 흰색 바둑돌과 검은색 바둑돌은 각각 몇 개

해결전략 20

풀이

❶ 홀수째는 바둑돌이 1개, 2개, 3개……로 1개씩 늘어나고, 짝수째는 바둑돌이 3개, 5개, 7개……로 2개씩 늘어나는 규칙입니다.
이때, 흰색 바둑돌은 각 순서마다 양 끝에 놓여 있습니다.

❷ 20째는 짝수째이므로 바둑돌은
$3+2+2+2+2+2+2+2+2+2=21$(개)이고, 이 중에서 흰색 바둑돌은 2개, 검은색 바둑돌은 $21-2=19$(개)입니다.

답 흰색 바둑돌: 2개, 검은색 바둑돌: 19개

적용하기 68~71쪽

1

규칙과 대응

어떤 연속된 홀수 중에서 가장 작은 홀수를 □라고 하면 연속된 3개의 홀수는 □, □+2, □+4입니다.
$□+(□+2)+(□+4)=87$이므로
$□\times 3+6=87$, $□\times 3=81$, $□=27$입니다.
따라서 어떤 연속된 홀수 3개는 27, 29, 31이고 이 중에서 가장 작은 홀수는 27입니다.

답 27

2

약분과 통분

늘어놓은 분수를 통분하면 $\frac{1}{108}$, $\frac{3}{108}$, $\frac{9}{108}$, $\frac{27}{108}$, $\frac{81}{108}$……이므로 분모는 108이고,
분자는 1부터 3배씩 커지는 규칙입니다.
따라서 일곱째 분수는

$\frac{81\times3\times3}{108}=\frac{\overset{27}{\cancel{729}}}{\underset{4}{\cancel{108}}}=\frac{27}{4}=6\frac{3}{4}$ 입니다.

답 $6\frac{3}{4}$

3

규칙과 대응

$9\times2+3=18+3=21$, $5\times2+3=10+3=13$, $18\times2+3=36+3=39$이므로 왼쪽의 수에 2를 곱한 다음 3을 더하면 오른쪽의 수가 됩니다.
따라서 ㉠$\times2+3=57$이므로
㉠$\times2=54$, ㉠$=27$입니다.

 27

4

분수의 덧셈과 뺄셈

여섯째 줄에 있는 분수는
$\frac{1}{8}$, $\frac{2}{8}$, $\frac{3}{8}$, $\frac{4}{8}$, $\frac{5}{8}$, $\frac{6}{8}$이므로 합은
$\frac{1}{8}+\frac{2}{8}+\frac{3}{8}+\frac{4}{8}+\frac{5}{8}+\frac{6}{8}=\frac{21}{8}=2\frac{5}{8}$
입니다.
일곱째 줄에 있는 분수는
$\frac{1}{9}$, $\frac{2}{9}$, $\frac{3}{9}$, $\frac{4}{9}$, $\frac{5}{9}$, $\frac{6}{9}$, $\frac{7}{9}$이므로 합은
$\frac{1}{9}+\frac{2}{9}+\frac{3}{9}+\frac{4}{9}+\frac{5}{9}+\frac{6}{9}+\frac{7}{9}=\frac{28}{9}=3\frac{1}{9}$
입니다.
따라서 구하는 분수들의 합의 차는
$3\frac{1}{9}-2\frac{5}{8}=\frac{28}{9}-\frac{21}{8}$
$=\frac{224}{72}-\frac{189}{72}=\frac{35}{72}$ 입니다.

답 $\frac{35}{72}$

5

규칙과 대응

정육각형의 수와 도형의 변의 수를 표로 나타내면 다음과 같습니다.

배열 순서	1	2	3	……
정육각형의 수(개)	3	6	9	……
도형의 변의 수(개)	12	20	28	……

➡ (배열 순서)$\times3=$(정육각형의 수),
(배열 순서)$\times8+4=$(도형의 변의 수)
따라서 정육각형 39개를 이어 붙인 도형은
$39\div3=13$(째)에 있는 도형이고
(13째 도형의 변의 수)
$=13\times8+4=104+4=108$(개)이므로
13째 도형의 둘레는 $108\times6=648$ (cm)입니다.

답 648 cm

6

소수의 곱셈

$0.3=0.3$ ➡ 소수 한 자리 수
$0.3\times0.3=0.09$ ➡ 소수 두 자리 수
$0.3\times0.3\times0.3=0.027$ ➡ 소수 세 자리 수
$0.3\times0.3\times0.3\times0.3=0.0081$ ➡ 소수 네 자리 수
$0.3\times0.3\times0.3\times0.3\times0.3=0.00243$
➡ 소수 다섯 자리 수

⋮

➡ • 0.3을 100번 곱했을 때 곱의 자릿수는 소수 100자리 수입니다.
• 0.3을 여러 번 곱했을 때 소수점 아래 끝자리 숫자는 3, 9, 7, 1이 반복되는 규칙입니다.

$100\div4=25$이므로 0.3을 100번 곱했을 때 소수점 아래 끝자리 숫자는 0.3을 4번 곱했을 때 소수점 아래 끝자리 숫자와 같습니다.
따라서 0.3을 100번 곱했을 때 소수 100째 자리 숫자는 1입니다.

답 1

7

약수와 배수

2의 배수가 되려면 일의 자리 숫자가 짝수여야 하므로 ♥$=0$, 2, 4, 6, 8입니다.
3의 배수가 되려면
$6+$♥$+3+2+$♥$=11+$♥$\times2$가 3의 배수이어야 합니다.
• ♥$=0$이면 $11+0\times2=11$
➡ 3의 배수가 아닙니다.
• ♥$=2$이면 $11+2\times2=15$ ➡ 3의 배수입니다.
• ♥$=4$이면 $11+4\times2=19$

➡ 3의 배수가 아닙니다.

• ♥=6이면 $11+6\times2=23$

➡ 3의 배수가 아닙니다.

• ♥=8이면 $11+8\times2=27$ ➡ 3의 배수입니다.

따라서 ♥에 알맞은 수는 2, 8입니다.

답 2, 8

8 평균과 가능성

분자의 구조를 나누어 보면 오른쪽 그림과 같이 나타낼 수 있습니다.

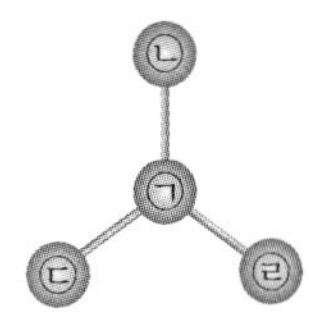

$12=\frac{9+8+19}{3}$, $8=\frac{5+12+7}{3}$

이므로 분자의 구조에 정해진 규칙은 ㉠에 ㉡, ㉢, ㉣의 평균을 쓰는 것입니다.

따라서 가$=\frac{7+19+4}{3}=10$이고

$19=\frac{12+가+나}{3}=\frac{12+10+나}{3}$,

$57=22+나$, 나$=35$입니다.

답 가: 10, 나: 35

9 합동과 대칭

선대칭도형과 점대칭도형을 번갈아 가며 그리는 규칙이고, 선대칭도형의 대칭축과 점대칭도형의 대칭의 중심은 각각 다음과 같습니다.

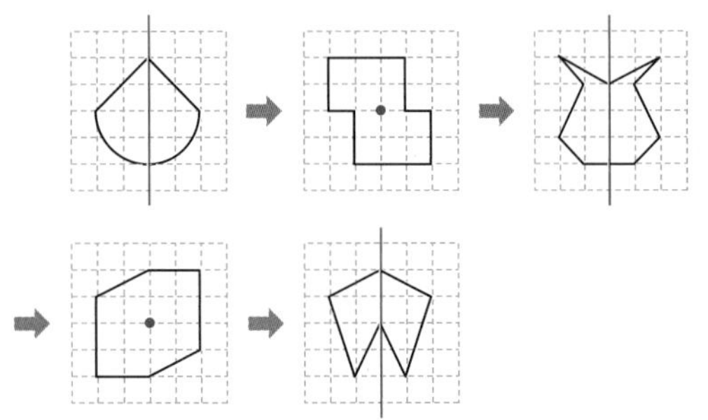

따라서 빈 곳의 도형은 점대칭도형이므로 대칭의 중심을 찾아 도형을 완성합니다.

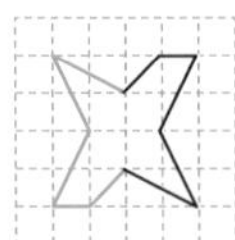

10 규칙과 대응

점 2개를 찍었을 때 그을 수 있는 선분의 수: 1개

점 3개를 찍었을 때 그을 수 있는 선분의 수: $1+2=3$(개)

점 4개를 찍었을 때 그을 수 있는 선분의 수: $1+2+3=6$(개)

⋮

➡ 찍은 점이 1개씩 늘어날 때마다 그을 수 있는 선분은 2개, 3개, 4개……씩 늘어나는 규칙입니다.

점 20개를 찍었을 때 그을 수 있는 선분은 모두

$1+2+\cdots\cdots+9+10+11+\cdots\cdots+18+19$ (9+11=20, 2+18=20, 1+19=20)

$=20\times9+10=190$(개)입니다.

답 190개

도전, 창의사고력 72쪽

(1) 색칠한 정삼각형 한 개의 한 변의 길이는 1 cm, $\frac{1}{2}$ cm, $\frac{1}{4}$ cm, $\frac{1}{8}$ cm이므로 색칠한 정삼각형 한 개의 한 변의 길이는 바로 전 단계의 $\frac{1}{2}$배가 되는 규칙입니다.

(2) 색칠한 정삼각형의 수는 1개, 3개, 9개, 27개이므로 색칠한 정삼각형의 수는 바로 전 단계의 3배가 되는 규칙입니다.

(3) 색칠한 정삼각형 한 개의 한 변의 길이는

4단계: $\frac{1}{8}\times\frac{1}{2}=\frac{1}{16}$ (cm),

5단계: $\frac{1}{16}\times\frac{1}{2}=\frac{1}{32}$ (cm)이므로

5단계에서 색칠한 정삼각형 한 개의 둘레는

$\frac{1}{32}\times3=\frac{3}{32}$ (cm)입니다.

색칠한 정삼각형의 수는

4단계: $27\times3=81$(개),

5단계: $81\times3=243$(개)이므로

5단계에서 색칠한 부분의 둘레는

$\frac{3}{32}\times243=\frac{729}{32}=22\frac{25}{32}$ (cm)입니다.

답 **(1) 색칠한 정삼각형 한 개의 한 변의 길이는 바로 전 단계의 $\frac{1}{2}$배가 되는 규칙입니다.**

(2) 색칠한 정삼각형의 수는 바로 전 단계의 3배가 되는 규칙입니다.

(3) $22\frac{25}{32}$ cm

예상과 확인으로 해결하기

전략 세움

익히기 74~79쪽

1 자연수의 혼합 계산

 ㉠과 ㉡에 알맞은 연산 기호

다릅니다 / 1

 1

풀이 ❶ ÷ / ÷, 7 / 틀렸습니다

❷ × / ×, 1 / 맞았습니다

❸ ÷, ×

답 ÷, ×

참고 ❶ $4+2\times2-2\div2=4+4-1=7$

❷ $4+2\div2-2\times2=4+1-4=1$

2 자연수의 혼합 계산

 ㉠과 ㉡에 알맞은 연산 기호

5

 5

❶ ㉠을 ÷, ㉡을 ÷라고 예상하면

$50-(7+6\div3)\div5=50-(7+2)\div5$

$=50-9\div5$입니다.

➡ 예상이 틀렸습니다.

❷ ㉠을 ÷, ㉡을 ×라고 예상하면

$50-(7+6\div3)\times5=50-(7+2)\times5$

$=50-9\times5=50-45=5$입니다.

➡ 예상이 맞았습니다.

❸ 50−(7+6㉠3)㉡5=5가 성립하려면

㉠=÷, ㉡=×입니다.

답 ㉠: ÷, ㉡: ×

3 분수의 덧셈과 뺄셈

 ■와 ▲에 알맞은 수

$1\frac{1}{12}$, 진분수

풀이 ❶ 3, 4, 13, 4, 10 / 없습니다

❷ 6, 4, 13, 4, 7 / 없습니다

❸ 9, 4, 13, 1

답 3, 1

4 분수의 덧셈과 뺄셈

문제분석 ◆와 ●에 알맞은 수

$\frac{22}{35}$ / 진분수

풀이

❶ ◆=1이라고 예상하면

$1\frac{1}{7}-\frac{●}{5}=\frac{22}{35}$이므로 $1\frac{5}{35}-\frac{●\times7}{35}=\frac{22}{35}$,

40−●×7=22, ●×7=18입니다.

➡ 만족하는 자연수 ●가 없습니다.

❷ ◆=2라고 예상하면

$1\frac{2}{7}-\frac{●}{5}=\frac{22}{35}$이므로 $1\frac{10}{35}-\frac{●\times7}{35}=\frac{22}{35}$,

45−●×7=22, ●×7=23입니다.

➡ 만족하는 자연수 ●가 없습니다.

❸ ◆=3이라고 예상하면

$1\frac{3}{7}-\frac{●}{5}=\frac{22}{35}$이므로 $1\frac{15}{35}-\frac{●\times7}{35}=\frac{22}{35}$,

50−●×7=22, ●×7=28, ●=4입니다.

➡ 예상이 맞았습니다.

따라서 ◆=3, ●=4입니다.

답 ◆: 3, ●: 4

5 다각형의 둘레와 넓이

문제분석 세로가 가로보다 길 때 가로와 세로는 각각 몇 cm

40, 96 / 깁니다

해결전략 40 / 20 / 20

풀이 ❶ 20, 11 / 11, 99 / 틀렸습니다

❷ 20, 12 / 12, 96 / 맞았습니다

❸ 8 / 12

답 8, 12

6
다각형의 둘레와 넓이

가로가 세로보다 길 때 가로와 세로는 각각 몇 m

52 / 165 / 깁니다

52 / 26 / 26

❶ 가로를 14 m라고 예상하면 세로는
$26-14=12$ (m)이므로
(직사각형의 넓이)$=14\times12=168$ (m^2)
➡ 예상이 틀렸습니다.

❷ 가로를 15 m라고 예상하면 세로는
$26-15=11$ (m)이므로
(직사각형의 넓이)$=15\times11=165$ (m^2)
➡ 예상이 맞았습니다.

❸ 둘레가 52 m이고 넓이가 165 m^2인 직사각형의 가로는 15 m, 세로는 11 m입니다.

답 가로: 15 m, 세로: 11 m

적용하기 80~83쪽

1
다각형의 둘레와 넓이

• 정오각형의 한 변의 길이를 5 cm, 정육각형의 한 변의 길이를 5 cm라고 예상하면
(그린 도형의 둘레의 합)$=5\times5+6\times5$
$=25+30=55$ (cm)
➡ 예상이 틀렸습니다.

• 정오각형의 한 변의 길이를 4 cm, 정육각형의 한 변의 길이를 5 cm라고 예상하면
(그린 도형의 둘레의 합)$=5\times4+6\times5$
$=20+30=50$ (cm)
➡ 예상이 맞았습니다.

따라서 정오각형의 한 변의 길이는 4 cm, 정육각형의 한 변의 길이는 5 cm입니다.

답 정오각형: 4 cm, 정육각형: 5 cm

2
자연수의 혼합 계산

어른을 □명이라고 하면 어린이는 (7－□)명이고 유미네 가족이 낸 입장료는 8400원입니다.

• □=1이라고 예상하면
$1500\times1+800\times6=1500+4800=6300$(원)
➡ 예상이 틀렸습니다.

• □=2라고 예상하면
$1500\times2+800\times5=3000+4000=7000$(원)
➡ 예상이 틀렸습니다.

• □=3이라고 예상하면
$1500\times3+800\times4=4500+3200=7700$(원)
➡ 예상이 틀렸습니다.

• □=4라고 예상하면
$1500\times4+800\times3=6000+2400=8400$(원)
➡ 예상이 맞았습니다.

따라서 유미네 가족 중 어른은 4명입니다.

답 4명

3
분수의 덧셈과 뺄셈

30의 약수: 1, 2, 3, 5, 6, 10, 15, 30
더해서 11이 되는 두 수는 1, 10 또는 5, 6입니다.

• 두 수를 1, 10이라고 예상하면
$\frac{1}{30}+\frac{10}{30}=\frac{1}{30}+\frac{1}{3}$입니다.
➡ ㉠=3, ㉡=30이므로 ㉡이 10보다 작다는 조건을 만족하지 못합니다.

• 두 수를 5, 6이라고 예상하면
$\frac{5}{30}+\frac{6}{30}=\frac{1}{6}+\frac{1}{5}$입니다.
➡ ㉠<㉡이므로 ㉠=5, ㉡=6입니다.

답 ㉠: 5, ㉡: 6

4
소수의 곱셈

곱의 소수 둘째 자리 숫자가 2이므로
㉯=4 또는 ㉯=9입니다.

• ㉯=4라고 예상하면 $48\times4=192$입니다.
➡ 예상이 틀렸습니다.

• ㉯=9라고 예상하면 $48\times9=432$입니다.
➡ 예상이 맞았습니다.

㉮×9+4=1㉰이므로 ㉮=1이라고 예상하면
$1\times9+4=13$이므로 ㉮=1, ㉰=3입니다.

답 ㉮: 1, ㉯: 9, ㉰: 3

5
평균과 가능성

• 검은색 공이 1개라고 예상하면 검은색 공을 꺼

낼 가능성은 $\frac{1}{4+1}=\frac{1}{5}$입니다.

➡ 예상이 틀렸습니다.

• 검은색 공이 2개라고 예상하면 검은색 공을 꺼내 가능성은 $\frac{2}{4+2}=\frac{\cancel{2}^{1}}{\cancel{6}_{3}}=\frac{1}{3}$입니다.

➡ 예상이 맞았습니다.

따라서 주머니 속에 검은색 공은 2개 있습니다.

답 2개

6 직육면체

• 필통의 가로를 5 cm라고 예상하면 높이는 $5\times2=10$ (cm)이므로
(필통의 모든 모서리의 길이의 합)
$=5\times4+5\times4+10\times4$
$=20+20+40=80$ (cm)입니다.
➡ 예상이 틀렸습니다.

• 필통의 가로를 6 cm라고 예상하면 높이는 $6\times2=12$ (cm)이므로
(필통의 모든 모서리의 길이의 합)
$=6\times4+6\times4+12\times4$
$=24+24+48=96$ (cm)입니다.
➡ 예상이 맞았습니다.

따라서 필통의 높이는 12 cm입니다.

답 12 cm

7 평균과 가능성

(7점과 8점인 학생 수)
$=28-(2+6+5+3)=28-16=12$(명)이고
(28명의 점수의 합)$=7.5\times28=210$(점)이므로
(7점과 8점인 학생들의 점수의 합)
$=210-5\times2-6\times6-9\times5-10\times3$
$=210-10-36-45-30=89$(점)입니다.
7점인 학생 수를 □명이라고 하면 8점인 학생 수는 (12−□)명이고 점수의 합은 89점입니다.

• □=6이라고 예상하면
$7\times6+8\times(12-6)=7\times6+8\times6$
$=42+48=90$(점)
➡ 예상이 틀렸습니다.

• □=7이라고 예상하면
$7\times7+8\times(12-7)=7\times7+8\times5$
$=49+40=89$(점)
➡ 예상이 맞았습니다.

따라서 점수가 8점인 학생은 $12-7=5$(명)입니다.

답 5명

8 자연수의 혼합 계산

덧셈과 나눗셈이 섞여 있는 식에서는 나눗셈부터 계산하므로 나눗셈이 되는 경우를 예상한 후 식을 완성해 봅니다.

• $2\div1$인 경우를 예상하면 $3+2\div1>4$입니다.
➡ 예상이 틀렸습니다.

• $3\div1$인 경우를 예상하면 $2+3\div1>4$입니다.
➡ 예상이 틀렸습니다.

• $4\div1$인 경우를 예상하면 $2+4\div1>3$입니다.
➡ 예상이 틀렸습니다.

• $4\div2$인 경우를 예상하면 $1+4\div2=3$입니다.
➡ 예상이 맞았습니다.

따라서 식을 완성하면 $1+4\div2=3$입니다.

답 $1+4\div2=3$

참고 두 수의 합은 더해지는 수보다 크거나 같습니다. 따라서 ㉠+㉡÷㉢=㉣에서 ㉡÷㉢을 예상하고 남은 수 카드 중 더 작은 수를 ㉠에, 더 큰 수를 ㉣에 넣고 식이 성립하는지 확인합니다.

도전, 창의사고력 84쪽

★×■의 값이 자연수이므로 1.2와 곱하여 자연수가 되려면 ■는 소수 첫째 자리 숫자가 5인 소수 한 자리 수로 예상해야 합니다.

• ■=0.5라고 예상하면
★×■=$1.2\times0.5=0.6$ ➡ 예상이 틀렸습니다.

• ■=1.5라고 예상하면
★×■=$1.2\times1.5=1.8$ ➡ 예상이 틀렸습니다.

• ■=2.5라고 예상하면
★×■=$1.2\times2.5=3$ ➡ 예상이 맞았습니다.

• ■=3.5라고 예상하면
★×■=$1.2\times3.5=4.2$ ➡ 예상이 틀렸습니다.

• ■=4.5라고 예상하면
★×■=$1.2\times4.5=5.4$ ➡ 예상이 틀렸습니다.

따라서 인쇄되는 ■의 값은 2.5입니다.

답 2.5

조건을 따져 해결하기

전략 세움

익히기 86~93쪽

1
약수와 배수

문제분석 두 조건을 만족하는 자연수는 모두 몇 개

300 / 9

해결전략 뺍니다

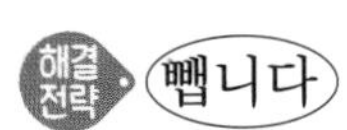

풀이 ❶ 11, 1 / 11
❷ 33, 3 / 33
❸ 33, 11, 22

답 22

2
약수와 배수

문제분석 두 조건을 만족하는 자연수는 모두 몇 개

600

해결전략 공배수

풀이

❶ 2) 8 14
    4 7 ➡ 8과 14의 최소공배수: $2\times4\times7=56$

❷ 8과 14의 공배수는 8과 14의 최소공배수인 56의 배수와 같습니다.
1부터 250까지의 자연수 중에서 56의 배수의 개수는 $250\div56=4\cdots26$이므로 4개입니다.

❸ 1부터 600까지의 자연수 중에서 56의 배수의 개수는 $600\div56=10\cdots40$이므로 10개입니다.

❹ 250보다 크고 600보다 작은 자연수 중에서 56의 배수는 모두 $10-4=6$(개)입니다.

답 6개

3
합동과 대칭

문제분석 삼각형 ㅁㄷㄴ의 넓이는 몇 cm^2

20 / 5

풀이 ❶ ㅁㄷㄴ / ㄷㄱ, 20
❷ ㄹㄷ, 5 / 20, 5, 15
❸ 20, 15, 150

답 150

4
합동과 대칭

문제분석 사각형 ㄱㄴㄷㄹ의 넓이는 몇 cm^2

9 / 13

풀이

❶ 삼각형 ㄱㄴㅁ과 삼각형 ㄹㅁㄷ은 합동이므로
(선분 ㄱㅁ의 길이)
=(선분 ㄹㄷ의 길이)=13 cm이고,
(선분 ㅁㄹ의 길이)
=(선분 ㄴㄱ의 길이)=9 cm입니다.

❷ (선분 ㄱㄹ의 길이)
=(선분 ㄱㅁ의 길이)+(선분 ㅁㄹ의 길이)
=13+9=22 (cm)

❸ 사각형 ㄱㄴㄷㄹ은 사다리꼴이므로
(사각형 ㄱㄴㄷㄹ의 넓이)
$=(9+13)\times22\div2=242$ (cm^2)입니다.

답 242 cm^2

5
수의 범위와 어림하기

문제분석 케이블카는 최소 몇 번 운행해야 합니까?

475, 509 / 10

해결전략 올림

풀이 ❶ 475, 509, 984
❷ 98, 4 / 990, 99

답 99

6
수의 범위와 어림하기

문제분석 귤을 팔아서 받을 수 있는 돈은 최대 얼마입니까?

327 / 264 / 10 / 12000

해결전략 버림

풀이

① (두 사람이 딴 귤의 무게)
=(현성이가 딴 귤의 무게)
+(미애가 딴 귤의 무게)
$=327+264=591$ (kg)

② 귤 591 kg을 한 상자에 10 kg씩 담으면 59 상자에 담고 1 kg이 남습니다.
따라서 귤은 최대 59상자 팔 수 있습니다.

③ 귤은 최대 59상자 팔 수 있으므로 귤을 팔아서 받을 수 있는 돈은 최대
$59\times12000=708000$(원)입니다.

답 708000원

7
평균과 가능성

꺼낸 구슬의 개수가 6의 약수일 가능성과 회전판의 화살이 파란색에 멈출 가능성이 같도록 회전판에 색칠하시오.

6 / 6

해결전략 6

풀이 ① 2, 3

② 6, 4 / $\frac{4}{6}$

③ 4

답 예

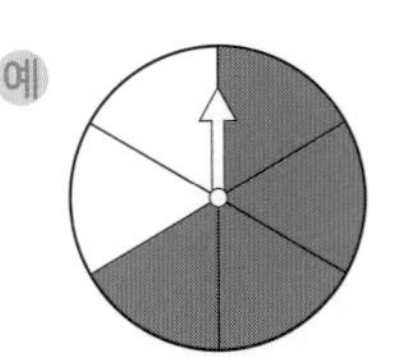

8
평균과 가능성

꺼낸 카드의 장수가 2의 배수일 가능성과 회전판의 화살이 초록색에 멈출 가능성이 같도록 회전판에 색칠하시오.

8 / 8

해결전략 2

풀이

① 8 이하의 수 중에서 2의 배수는 2, 4, 6, 8입니다.

② 전체 카드의 장수가 8장이고, 꺼낸 카드의 장수가 2의 배수인 경우는 4이므로 꺼낸 카드의 장수가 2의 배수일 가능성은 $\frac{4}{8}\left(=\frac{1}{2}\right)$입니다.

③ 꺼낸 카드의 장수가 2의 배수일 가능성은 $\frac{4}{8}$이고, 회전판이 8칸으로 나누어져 있으므로 4칸에 초록색으로 색칠합니다.

답 예

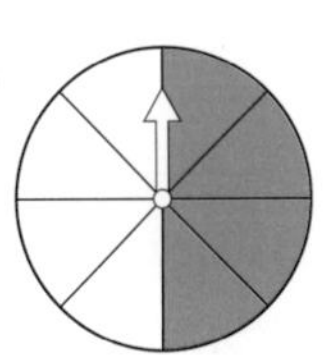

적용하기
94~97쪽

1
약분과 통분

기약분수를 $\frac{\square}{16}$라고 하면 $\frac{4}{9}<\frac{\square}{16}<\frac{7}{12}$이므로 $\frac{64}{144}<\frac{\square\times9}{144}<\frac{84}{144}$입니다.

$64<\square\times9<84$에서 $\square=8$, 9이고 이 중에서 16과 공약수가 1뿐인 수는 9입니다.

따라서 구하는 기약분수는 $\frac{9}{16}$입니다.

답 $\frac{9}{16}$

2
자연수의 혼합 계산

(고구마 한 개의 무게)+(감자 한 개의 무게)
$=74+192\div3=74+64=138$ (g)
(호박 한 개의 무게)$=218\div2=109$ (g)
따라서 고구마 한 개와 감자 한 개의 무게의 합은 호박 한 개의 무게보다 $138-109=29$ (g) 더 무겁습니다.

답 29 g

3
규칙과 대응

식빵 한 개를 만드는 데 필요한 밀가루 양은
$300\div2=150$ (g)입니다.
식빵 수를 □, 밀가루 양을 △라고 할 때 두 양 사이의 대응 관계를 식으로 나타내면
$150\times\square=\triangle$입니다.
2.2 kg=2200 g이고
$2200\div150=14\cdots100$입니다.
따라서 밀가루 2.2 kg으로 식빵을 14개까지 만들 수 있습니다.

답 14개

4 합동과 대칭

선대칭도형은 대칭축에 의해 둘로 똑같이 나누어지므로
(각 ㄹㄱㄴ의 크기)=(각 ㄹㄱㅂ의 크기)
$=80^\circ \div 2=40^\circ$,
(각 ㄱㄹㄷ의 크기)=(각 ㄱㄹㅁ의 크기)$=90^\circ$이고
일직선이 이루는 각도는 180°이므로
(각 ㅂㅁㄹ의 크기)$=180^\circ-74^\circ=106^\circ$입니다.
따라서 사각형 ㄱㄹㅁㅂ에서
(각 ㄱㅂㅁ의 크기)
$=360^\circ-$(각 ㄹㄱㅂ의 크기)
$-$(각 ㄱㄹㅁ의 크기)$-$(각 ㅂㅁㄹ의 크기)
$=360^\circ-40^\circ-90^\circ-106^\circ=124^\circ$입니다.

답 124°

5 수의 범위와 어림하기

초등학교 씨름선수의 몸무게인 61 kg을 용장급의 몸무게 범위인 50 kg 초과 55 kg 이하로 줄여야 합니다.
따라서 $61-50=11$ (kg), $61-55=6$ (kg)이므로 몸무게가 61 kg인 초등학교 씨름선수가 용장급이 되기 위해서 줄여야 하는 몸무게의 범위는 6 kg 이상 11 kg 미만입니다.

답 6 kg 이상 11 kg 미만

주의 6 kg 초과 11 kg 이하라고 답하지 않도록 주의합니다.

6 다각형의 둘레와 넓이

선분 ㄱㅁ의 길이를 □cm라고 하면
선분 ㅁㄹ의 길이는 (□$\times 2$) cm입니다.
(삼각형 ㅁㄷㄹ의 넓이)
$=$(□$\times 2)\times 5\div 2=35$ (cm^2)이므로
(□$\times 2)\times 5=70$, □$\times 2=14$, □$=7$입니다.
따라서 사다리꼴 ㄱㄴㄷㅁ에서 아랫변인 선분 ㄴㄷ의 길이는 $7+14=21$ (cm)이므로
(사다리꼴 ㄱㄴㄷㅁ의 넓이)
$=(7+21)\times 5\div 2=70$ (cm^2)입니다.

답 70 cm^2

7 평균과 가능성

• 네 번째 수 36은 20, ㉠, ㉡의 평균이므로
(20+㉠+㉡)$\div 3=36$입니다.
➡ 20+㉠+㉡$=108$,
㉠+㉡$=88$
• 다섯 번째 수 ㉢은 20, ㉠, ㉡, 36의 평균이므로 (20+㉠+㉡+36)$\div 4=$㉢입니다.
➡ $(20+88+36)\div 4=$㉢,
㉢$=144\div 4=36$
• 여섯 번째 수 ㉣은 20, ㉠, ㉡, 36, ㉢의 평균이므로 (20+㉠+㉡+36+㉢)$\div 5=$㉣입니다.
➡ $(20+88+36+36)\div 5=$㉣,
㉣$=180\div 5=36$
따라서 ㉠, ㉡, ㉢, ㉣의 평균은
$(88+36+36)\div 4=40$입니다.

답 40

8 분수의 곱셈

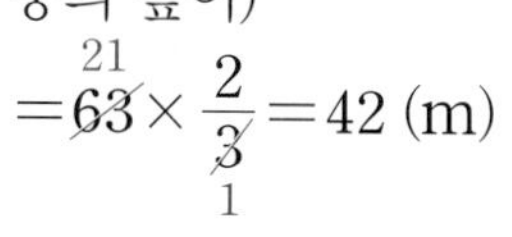

(첫 번째로 튀어 올랐을 때 공의 높이)
$=\overset{21}{\cancel{63}}\times\frac{2}{\underset{1}{\cancel{3}}}=42$ (m)
(두 번째로 튀어 올랐을 때 공의 높이)
$=\overset{14}{\cancel{42}}\times\frac{2}{\underset{1}{\cancel{3}}}=28$ (m)
➡ (세 번째로 땅에 닿을 때까지 공이 움직인 거리)
$=63+42\times 2+28\times 2$
$=63+84+56=203$ (m)

답 203 m

9 직육면체

2와 마주 보는 면의 눈의 수는 $7-2=5$이고,
5와 맞닿는 면의 눈의 수는 $8-5=3$입니다.
3과 마주 보는 면의 눈의 수는 $7-3=4$이고,
4와 맞닿는 면의 눈의 수는 $8-4=4$입니다.
따라서 4와 마주 보는 면의 눈의 수는 $7-4=3$이므로 바닥과 맞닿는 면의 주사위 눈의 수는 3입니다.

답 3

다른 전략 그림을 그려 해결하기

주사위를 떼어 낸 그림을 그려 해결해 봅니다.

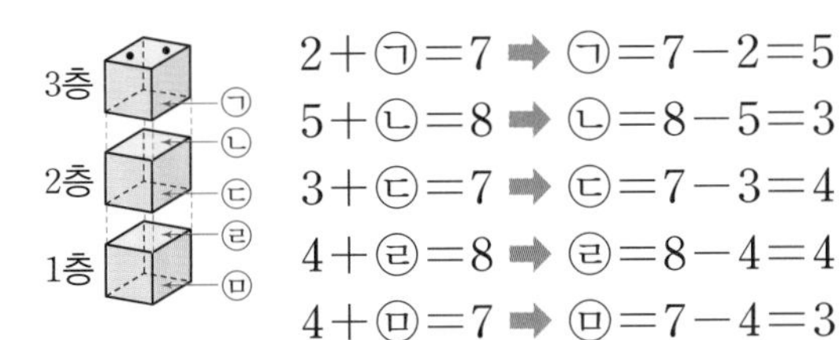

$2+㉠=7$ ➡ $㉠=7-2=5$
$5+㉡=8$ ➡ $㉡=8-5=3$
$3+㉢=7$ ➡ $㉢=7-3=4$
$4+㉣=8$ ➡ $㉣=8-4=4$
$4+㉤=7$ ➡ $㉤=7-4=3$

즉, 바닥에 맞닿는 면의 주사위 눈의 수는 3입니다.

10

소수의 곱셈

0.㉠㉡×0.㉢㉣에서 가장 큰 값을 구하기 위해 ㉠과 ㉢에 가장 큰 수 8과 두 번째로 큰 수 7을 써넣어 곱셈식을 만들어 봅니다.
$0.85\times0.72=0.612$, $0.82\times0.75=0.615$이고, $0.615>0.612$이므로 만들 수 있는 곱셈식의 곱 중에서 가장 큰 값은 0.615입니다.
가장 작은 값을 구하기 위해 ㉠과 ㉢에 가장 작은 수 2와 두 번째로 작은 수 5를 써넣어 곱셈식을 만들어 봅니다.
$0.28\times0.57=0.1596$, $0.27\times0.58=0.1566$이고, $0.1566<0.1596$이므로 만들 수 있는 곱셈식의 곱 중에서 가장 작은 값은 0.1566입니다.
따라서 가장 큰 값과 가장 작은 값의 차는
$0.615-0.1566=0.4584$입니다.

답 0.4584

도전, 창의사고력

98쪽

경보기가 모두 울리지 않고 도둑이 전시관에 들어갔으므로 경보기가 모두 꺼져 있는 시각을 구합니다.
경보기가 울리는 시간의 조건을 따져 구해 봅니다.
A 경보기는 $8+1=9$(분)마다,
B 경보기는 $15+3=18$(분)마다,
C 경보기는 $25+5=30$(분)마다
꺼졌다가 다시 켜집니다.
9, 18, 30의 최소공배수를 구하면 90이므로 90분마다 3대의 경보기가 꺼졌다가 동시에 켜집니다.
따라서 경보기를 동시에 켠 지 89분 후에는 3대의 경보기가 모두 꺼져 있게 되므로 도둑이 미술 작품을 훔치러 전시관에 들어간 시각은
오후 10시+89분=오후 10시+1시간 29분
=오후 11시 29분입니다.

답 오후 11시 29분

참고 A 경보기가 1분 동안 꺼지므로 3대의 경보기가 모두 꺼져 있는 시간은 최대 1분입니다.
또한, 오후 11시 29분은 3대의 경보기가 동시에 다시 켜지기 1분 전입니다.

단순화하여 해결하기

전략 세움

익히기

100~105쪽

1

약수와 배수

두 수의 공약수를 모두 구하시오.
8100 / 540

해결 전략 곱 / (약수)

풀이 ❶ 최소공배수 / 540 / 540, 15
❷ 15 / 3, 5, 15

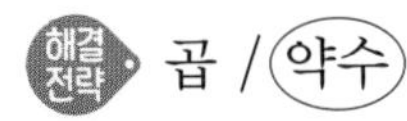

2

약수와 배수

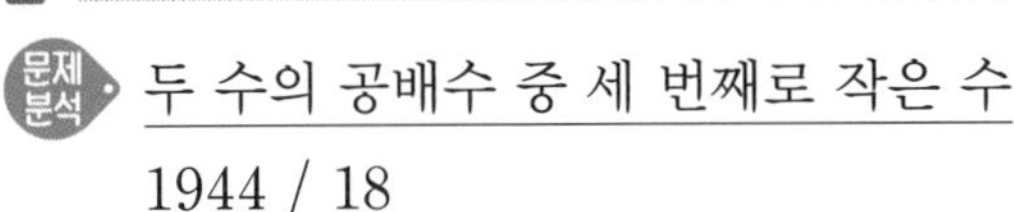

문제 분석
두 수의 공배수 중 세 번째로 작은 수

1944 / 18

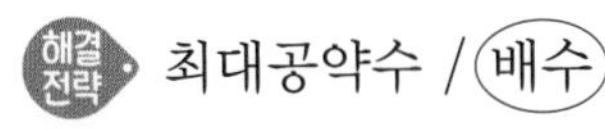

풀이
❶ (두 수의 곱)=(최대공약수)×(최소공배수)이므로 $1944=18\times$(최소공배수),
(최소공배수)$=108$입니다.
❷ 두 수의 공배수는 두 수의 최소공배수 108의 배수와 같으므로 108, 216, 324……이고 그 중 세 번째로 작은 수는 324입니다.

답 324

3
다각형의 둘레와 넓이

 도형의 둘레는 몇 m

19

해결 전략 (직사각형)

풀이 ①

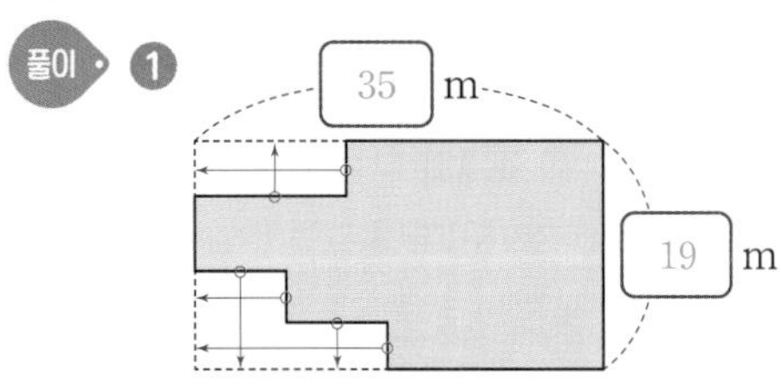

② 35, 19 / 35, 19, 108

답 108

4
다각형의 둘레와 넓이

문제 분석 도형의 둘레는 몇 m

35

 (직사각형)/(합)

① 직각으로 이루어진 도형의 변을 이동시켜 나타내면 다음과 같습니다.

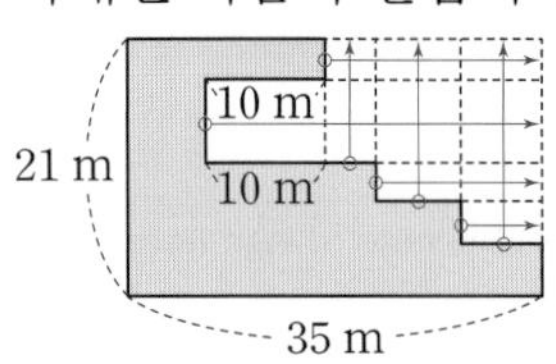

② 도형의 둘레는 직사각형의 둘레에 10 m의 2배를 더한 것과 같습니다.

➡ (도형의 둘레) $=(35+21)\times2+10\times2$
$=56\times2+10\times2$
$=112+20=132$ (m)

답 132 m

5
합동과 대칭

문제 분석 삼각형 ㄱㄴㄷ에서 찾을 수 있는 합동인 삼각형은 모두 몇 쌍

ㄷ ㅂ

해결 전략 합동

풀이 ① ㅂㄷㅁ / 1
② ㄱㄷㄹ, ㅂㄷㄴ / 2

③ 1, 2, 3

 3

6
합동과 대칭

 평행사변형에서 찾을 수 있는 합동인 삼각형은 모두 몇 쌍

4

해결 전략 1, 2

풀이

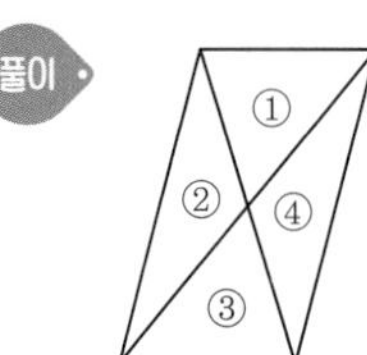

① (①, ③), (②, ④) ➡ 2쌍
② (①+②, ③+④), (①+④, ②+③) ➡ 2쌍
③ 합동인 삼각형은 모두 $2+2=4$(쌍)입니다.

답 4쌍

적용하기
106~109쪽

1
다각형의 둘레와 넓이

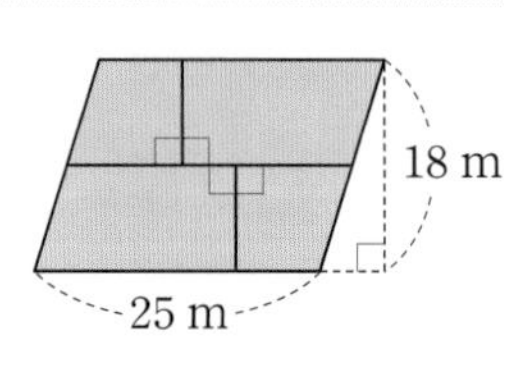

색칠한 부분을 겹치지 않게 이어 붙이면 오른쪽과 같이 밑변의 길이가 $40-15=25$ (m), 높이가 $33-15=18$ (m)인 평행사변형이 됩니다.

➡ (색칠한 부분의 넓이) $=25\times18=450$ (m^2)

답 450 m^2

2
약수와 배수

$$\begin{array}{r|lll} 2 & 10 & 8 & 6 \\ \hline & 5 & 4 & 3 \end{array}$$ ➡ 최소공배수: $2\times5\times4\times3=120$

10, 8, 6의 최소공배수는 120이므로 세 기차는 120분=2시간마다 동시에 출발합니다.
따라서 다음 번에 세 기차가 동시에 출발하는 시각은 오전 9시 15분+2시간=오전 11시 15분입니다.

답 오전 11시 15분

3 소수의 곱셈

색 테이프 2장을 이어 붙이면 겹치는 부분은 1군데,
색 테이프 3장을 이어 붙이면 겹치는 부분은 2군데,

⋮

색 테이프 15장을 이어 붙이면 겹치는 부분은 14군데입니다.

➡ (이어 붙인 색 테이프의 전체 길이)
$=$(색 테이프 15장의 길이의 합)
$-$(겹치는 부분의 길이의 합)
$=9.6\times15-0.8\times14$
$=144-11.2=132.8$ (cm)

답 132.8 cm

4 합동과 대칭

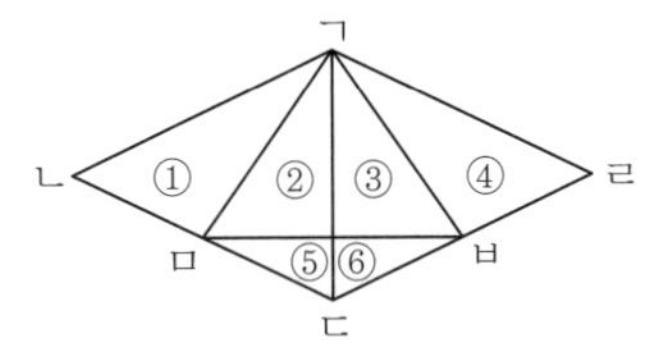

- 1개의 삼각형으로 이루어진 합동인 삼각형:
  (①, ④), (②, ③), (⑤, ⑥) ➡ 3쌍
- 2개의 삼각형으로 이루어진 합동인 삼각형:
  (②+⑤, ③+⑥) ➡ 1쌍
- 3개의 삼각형으로 이루어진 합동인 삼각형:
  (①+②+⑤, ④+③+⑥) ➡ 1쌍

따라서 합동인 삼각형은 모두 $3+1+1=5$(쌍)입니다.

답 5쌍

5 다각형의 둘레와 넓이

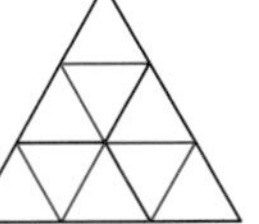

(정삼각형의 한 변의 길이)
$=126\div3=42$ (cm)
주어진 정삼각형을 오른쪽과 같이 합동인 삼각형 9개로 나누면
나누어진 가장 작은 삼각형은 정삼각형입니다.
(가장 작은 정삼각형의 한 변의 길이)
$=42\div3=14$ (cm)이므로
(사다리꼴 한 개의 둘레)
$=$(가장 작은 정삼각형의 한 변의 길이)$\times5$
$=14\times5=70$ (cm)입니다.

답 70 cm

6 약수와 배수

$$\begin{array}{r|rr} 2 & 90 & 54 \\ 3 & 45 & 27 \\ 3 & 15 & 9 \\ \hline & 5 & 3 \end{array}$$

➡ 최대공약수: $2\times3\times3=18$

90과 54의 최대공약수는 18이므로 18 m 간격으로 나무를 심습니다.

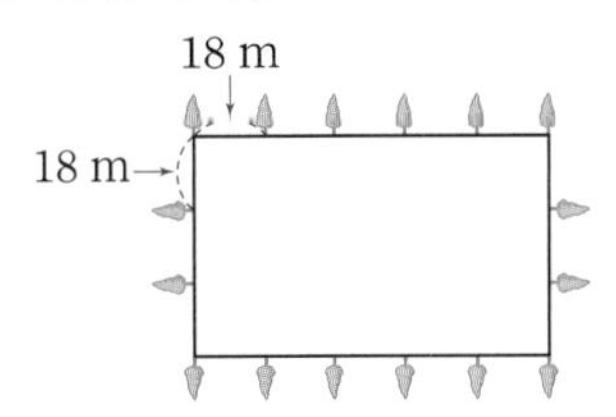

$90\div18=5$이므로 가로에 심은 나무는
$(5+1)\times2=12$(그루)입니다.
$54\div18=3$이므로 세로에 심은 나무는
$(3+1)\times2=8$(그루)입니다.
따라서 땅 둘레에 심는 데 필요한 나무는 모두
$12+8-4=16$(그루)입니다.

답 16그루

주의 필요한 나무의 수는 가로와 세로에 필요한 나무의 수의 합에서 네 모퉁이에 심는 나무가 겹치므로 4그루는 빼 줍니다.

7 평균과 가능성

합이 같도록 두 수씩 짝지어 1부터 45까지 연속하는 자연수의 합을 구하면

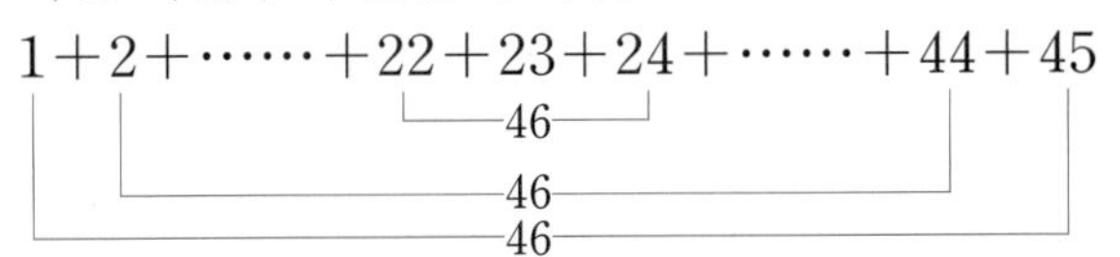

$=46\times22+23=1035$
따라서 1부터 45까지 연속하는 자연수의 평균은
$1035\div45=23$입니다.

답 23

8 자연수의 혼합 계산

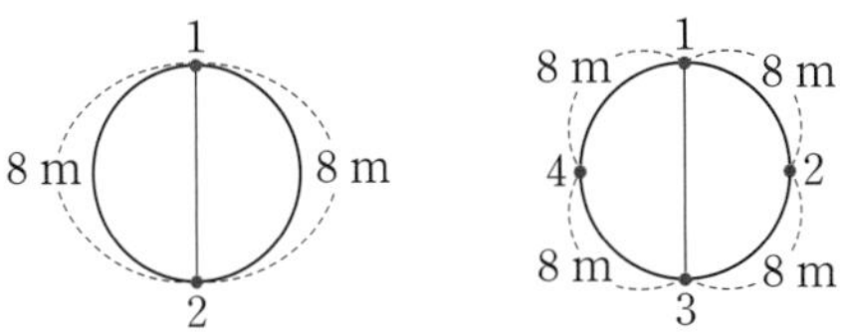

첫째와 둘째 조명이 마주 볼 때 조명을 설치한 간격은 2군데이므로 조명을 설치한 곳의 전체 거리는 $8\times2=16$ (m)입니다.

첫째와 셋째 조명이 마주 볼 때 조명을 설치한 간격은 4군데이므로 조명을 설치한 곳의 전체 거리는 $8 \times 4 = 32$ (m)입니다.
첫째와 ●째 조명이 마주 볼 때 조명을 설치한 간격은 ((● − 1) × 2)군데이므로 조명을 설치한 곳의 전체 거리를 식으로 나타내면
8 × ((● − 1) × 2) (m)입니다.
따라서 첫째 조명과 열째 조명이 마주 볼 때 조명을 설치한 간격은 $(10-1) \times 2 = 18$ (군데)이므로 조명을 설치한 곳의 전체 거리는
$8 \times 18 = 144$ (m)입니다.

답 144 m

9
다각형의 둘레와 넓이

삼각형 ㄱㄴㄹ과 삼각형 ㄱㄷㄹ은 밑변과 높이가 같으므로 넓이가 같고
(삼각형 ㄱㄴㄹ)
=(삼각형 ㄱㅁㄹ)+(삼각형 ㄱㄴㅁ),
(삼각형 ㄱㄷㄹ)
=(삼각형 ㄱㅁㄹ)+(삼각형 ㄹㅁㄷ)이므로
삼각형 ㄱㄴㅁ의 넓이는 삼각형 ㄹㅁㄷ의 넓이와 같습니다.
삼각형 ㄹㅁㄷ은 밑변의 길이가 20 m, 높이가 12 m이므로
(삼각형 ㄱㄴㅁ의 넓이)
=(삼각형 ㄹㅁㄷ의 넓이)
$=20 \times 12 \div 2 = 120$ (m^2)입니다.
따라서 색칠한 부분의 넓이는 120 m^2입니다.

답 120 m^2

10
분수의 곱셈

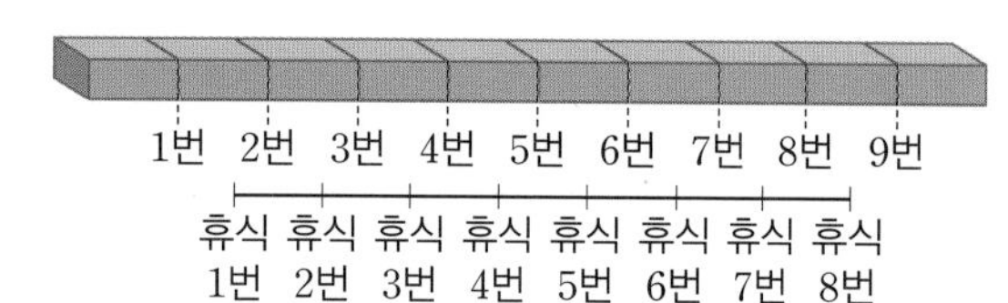

10도막이 되려면 9번 자르고, 9번 자르는 사이에 8번 쉽니다.
(9번 자르는 데 걸리는 시간)
$=3\frac{1}{3} \times 9 = \frac{10}{\cancel{3}_1} \times \cancel{9}^3 = 30$(분)
(8번 쉬는 시간)$=\frac{1}{\cancel{2}_1} \times \cancel{8}^4 = 4$(분)

따라서 10도막으로 자르는 데 걸리는 시간은 $30+4=34$(분)입니다.

답 34분

도전, 창의사고력
110쪽

다음과 같이 큰 직사각형을 만들면 평면도의 둘레는 가장 큰 직사각형의 둘레와 같아집니다.

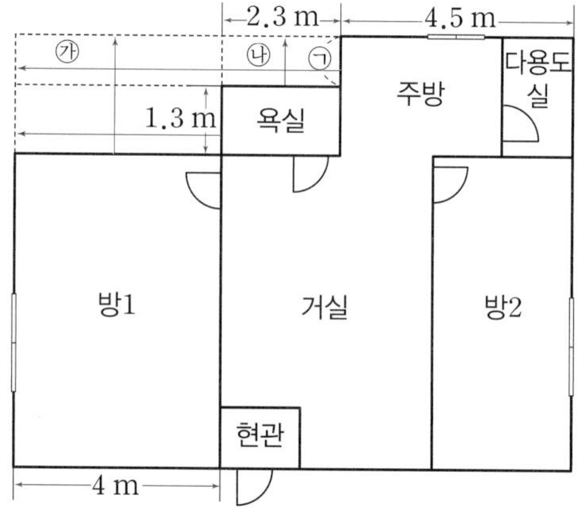

가장 큰 직사각형의 둘레가 38 m이므로
(가로)+(세로)$=38 \div 2 = 19$ (m)이고
(가장 큰 직사각형의 가로)
$=4+2.3+4.5=10.8$ (m)이므로
(가장 큰 직사각형의 세로)$=19-10.8=8.2$ (m) …… ①
방1의 넓이가 24 m^2이므로
(방1의 세로)$=24 \div 4 = 6$ (m)이고
(가장 큰 직사각형의 세로)=(㉠+1.3+6) m …… ②
①과 ②에 의해 ㉠+1.3+6=8.2이므로
㉠$=8.2-6-1.3=0.9$ (m)입니다.
(가장 큰 직사각형의 넓이)
$=10.8 \times 8.2 = 88.56$ (m^2)
(직사각형 ㉮의 넓이)
$=4 \times (1.3+0.9) = 4 \times 2.2 = 8.8$ (m^2)
(직사각형 ㉯의 넓이)$=2.3 \times 0.9 = 2.07$ (m^2)
➡ (평면도의 넓이)
=(가장 큰 직사각형의 넓이)
−(직사각형 ㉮의 넓이)
−(직사각형 ㉯의 넓이)
$=88.56-8.8-2.07=77.69$ (m^2)

답 77.69 m^2

전략 이름 60제

1~10 (112~115쪽)

1 180 cm **2** ㉢, ㉣, ㉠, ㉡
3 2.401 **4** 5명 **5** 52 cm
6 8자루 **7** 48명 **8** 선분 ㅇㅈ
9 25 cm^2 **10** 40명

1 규칙을 찾아 해결하기

배열 순서와 정다각형을 표에 나타내면 다음과 같습니다.

배열 순서	첫째	둘째	셋째	넷째	……
정다각형	정삼각형	정사각형	정오각형	정육각형	……

따라서 열째에 그리는 정다각형은 정십이각형이므로 둘레는 $15\times12=180$ (cm)입니다.

2 조건을 따져 해결하기

㉠ 동전의 두 면 중 한 면이 그림 면입니다.
➡ $\frac{1}{2}$

㉡ 주사위를 굴렸을 때 나오는 눈은 1부터 6까지입니다.
➡ 1

㉢ 8개의 흰색 바둑돌이 들어 있는 주머니에 검은색 바둑돌은 없습니다.
➡ 0

㉣ 50장의 제비 중 5장이 당첨 제비입니다.
➡ $\frac{5}{50}=\frac{1}{10}$

따라서 가능성이 작은 것부터 순서대로 기호를 쓰면 ㉢, ㉣, ㉠, ㉡입니다.

3 식을 만들어 해결하기

$1.3\times2.17-0.84\times0.5$
$=2.821-0.42$
$=2.401$
➡ $\begin{vmatrix}1.3 & 0.84\\0.5 & 2.17\end{vmatrix}=2.401$

4 예상과 확인으로 해결하기

어른을 □명이라 하면 어린이는 (8－□)명이고 아영이네 가족이 낸 입장료는 9500원입니다.

• □=1이라고 예상하면
$2000\times1+700\times7=2000+4900$
$=6900$(원)입니다.
➡ 예상이 틀렸습니다.

• □=2라고 예상하면
$2000\times2+700\times6=4000+4200$
$=8200$(원)입니다.
➡ 예상이 틀렸습니다.

• □=3이라고 예상하면
$2000\times3+700\times5=6000+3500$
$=9500$(원)입니다.
➡ 예상이 맞았습니다.

따라서 아영이네 가족 중 어린이는 5명입니다.

5 단순화하여 해결하기

색칠한 부분의 변을 각각 평행하게 이동시켜 나타내면 다음과 같습니다.

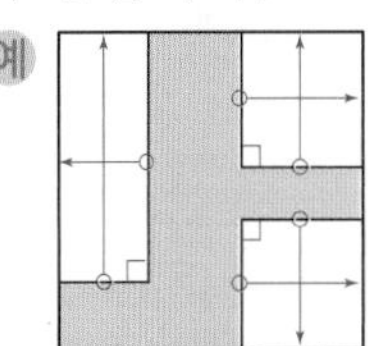

따라서 색칠한 부분의 둘레는 정사각형의 둘레와 같으므로 $13\times4=52$ (cm)입니다.

6 조건을 따져 해결하기

학생 수를 반올림하여 십의 자리까지 나타내면 30명이므로 이 반 학생 수는 25명 이상 35명 미만입니다.
34명이 가장 많은 학생 수이므로 연필은 $34\times2=68$(자루)가 필요합니다.
따라서 가장 많은 학생에게 연필을 나누어 준다면 $68-60=8$(자루)가 모자랍니다.

7 식을 만들어 해결하기

첫째 날 통과한 학생 중에서 둘째 날 통과한

학생이 마지막 날 대회에 참가하였습니다.
따라서 마지막 날 대회에 참가한 학생은

$140\times\left(1-\frac{2}{5}\right)\times\left(1-\frac{3}{7}\right)$

$=\overset{4}{\cancel{\overset{28}{\cancel{140}}}}\times\frac{3}{\underset{1}{\cancel{5}}}\times\frac{4}{\underset{1}{\cancel{7}}}=48$(명)입니다.

8 그림을 그려 해결하기

전개도를 접었을 때 만나는 꼭짓점을 선으로 연결하면 다음과 같습니다.

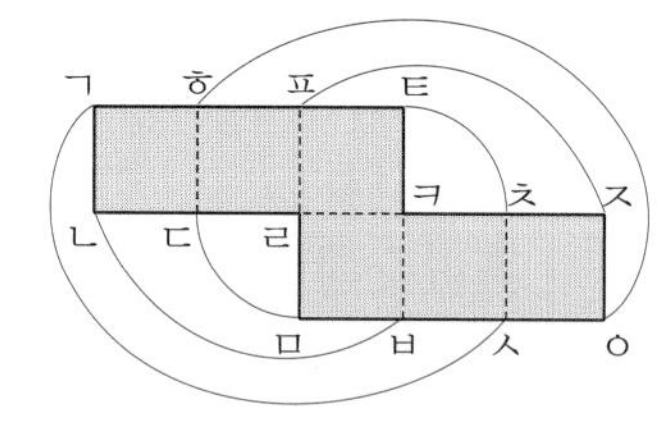

전개도를 접었을 때 점 ㅎ과 만나는 점은 점 ㅇ이고 점 ㅍ과 만나는 점은 점 ㅈ이므로 선분 ㅎㅍ과 겹치는 선분은 선분 ㅇㅈ입니다.

9 그림을 그려 해결하기

선대칭도형을 완성하면 다음과 같습니다.

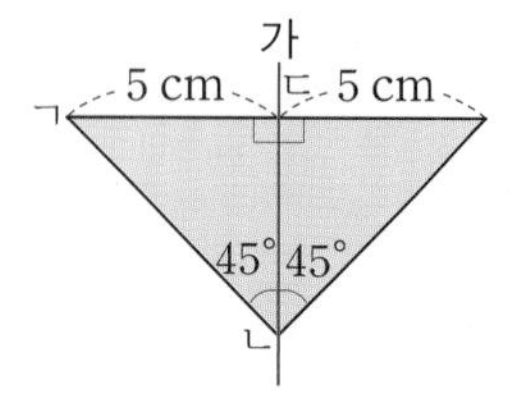

(각 ㄷㄱㄴ의 크기)$=180°-90°-45°=45°$이므로 삼각형 ㄱㄷㄴ은 이등변삼각형입니다.
➡ (선분 ㄷㄴ의 길이)=(선분 ㄷㄱ의 길이)
$=5$ cm
따라서 완성한 선대칭도형의 넓이는
$(5+5)\times5\div2=25$ (cm^2)입니다.

10 규칙을 찾아 해결하기

탁자 1개에 10명이 앉을 수 있고 탁자가 1개씩 늘어날 때마다 앉을 수 있는 사람은 6명씩 늘어나는 규칙입니다.
따라서 탁자 6개를 이어 붙이면 모두
$10+6\times5=40$(명)이 앉을 수 있습니다.

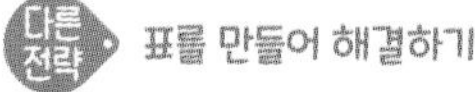

탁자 수와 사람 수 사이의 대응 관계를 표로 나타내면 다음과 같습니다.

탁자 수(개)	1	2	3	4	5	6	……
사람 수(명)	10	16	22	28	34	40	……

따라서 탁자 6개를 이어 붙이면 모두 40명이 앉을 수 있습니다.

11~20

116~119쪽

11 윤서 **12** 1100 **13** 37
14 81 **15** 152 cm **16** 3시간
17 53.12 **18** 125 **19** 2개
20 25째

11 식을 만들어 해결하기

$\frac{3}{8}$과 $\frac{1}{6}$의 공통분모를 8과 6의 최소공배수인 24로 통분하면 $\frac{9}{24}$와 $\frac{4}{24}$입니다.
젤리 전체를 1이라고 하면 수호는 은주와 윤서가 가지고 남은 젤리를 모두 가지므로 전체의
$1-\left(\frac{9}{24}+\frac{4}{24}\right)=\frac{24}{24}-\frac{13}{24}=\frac{11}{24}$
을 가집니다.
따라서 $\frac{4}{24}<\frac{9}{24}<\frac{11}{24}$이므로 젤리를 가장 적게 가지는 사람은 윤서입니다.

12 조건을 따져 해결하기

5 초과 6 이하인 자연수는 6이므로 십의 자리 숫자는 6입니다.
8 초과인 자연수는 9이므로 일의 자리 숫자는 9입니다.
따라서 조건에 맞는 네 자리 수는 □□69이고 이 중에서 가장 작은 수는 1069이므로 반올림하여 백의 자리까지 나타내면 1100입니다.

13 규칙을 찾아 해결하기

$3\times3+4=13$, $5\times3+4=19$, $8\times3+4=28$
넣은 수를 □, 나온 수를 ○라고 할 때 두 양 사이의 대응 관계를 식으로 나타내면
□$\times3+4=$○입니다.
□$=11$일 때 ○$=11\times3+4=37$입니다.

따라서 상자에 11이 쓰인 공을 넣으면 37로 바뀐 공이 나옵니다.

14 조건을 따져 해결하기

4로 나누어도 1이 남고 5로 나누어도 1이 남으므로 나누어지는 수는 4와 5의 공배수보다 1 큰 수입니다.
4와 5의 최소공배수는 20이므로 공배수는 20, 40, 60, 80……입니다.
1부터 100까지의 자연수라고 했으므로 20, 40, 60, 80이고 이 수들보다 1 큰 수는 21, 41, 61, 81입니다.
따라서 이 중에서 9로 나누면 나누어떨어지는 수는 81입니다.

(참고) 1은 4와 5의 최소공배수가 아니어도 4와 5로 각각 나누면 1이 남습니다.
그러나 9로 나누면 나누어떨어지지 않으므로 생각하지 않습니다.

15 식을 만들어 해결하기

끈으로 둘러싸인 부분은 길이가 11 cm인 부분이 4군데, 8 cm인 부분이 4군데, 14 cm인 부분이 4군데입니다.
➡ (상자를 묶는 데 사용한 끈의 길이)
=(상자를 둘러싼 끈의 길이)+(리본의 길이)
$=(11\times4)+(8\times4)+(14\times4)+20$
$=44+32+56+20=152$ (cm)

16 식을 만들어 해결하기

전체 일의 양을 1이라고 하면 1시간 동안 하는 일의 양은 혜리는 $\frac{1}{4}$, 진수는 $\frac{1}{12}$입니다.
(두 사람이 함께 1시간 동안 하는 일의 양)

$$=\frac{1}{4}+\frac{1}{12}=\frac{3}{12}+\frac{1}{12}=\frac{\overset{1}{\cancel{4}}}{\underset{3}{\cancel{12}}}=\frac{1}{3}$$

따라서 일을 두 사람이 함께 시작한다면 일을 끝내는 데 3시간이 걸립니다.

(참고) 1시간 동안 하는 일의 양을 전체 일의 $\frac{1}{■}$이라고 하면 일을 끝내는 데 ■시간이 걸립니다.

17 조건을 따져 해결하기

곱셈식의 곱이 가장 크려면 각각의 일의 자리에 가장 큰 수와 두 번째로 큰 수를 놓아야 합니다.
$8>6>4>3$이므로 8과 6을 각각의 일의 자리에 놓습니다.
$8.4\times6.3=52.92$, $8.3\times6.4=53.12$
따라서 $53.12>52.92$이므로 만들 수 있는 곱셈식 중 곱이 가장 클 때의 값은 53.12입니다.

18 규칙을 찾아 해결하기

1부터 250까지의 자연수 중에서 홀수들의 합이 같도록 양끝에 있는 두 수씩 짝지어 계산합니다.
1부터 250까지의 자연수 중에서 홀수는 $250\div2=125$(개)입니다.
$125\div2=62\cdots1$이므로 합이 같은 것은 62쌍이고 가운데 수 125가 남습니다.
$1+3+5+\cdots\cdots+245+247+249$
(250, 250, 250)
$=250\times62+125=15625$
따라서 1부터 250까지의 자연수 중에서 홀수의 평균은 $15625\div125=125$입니다.

19 규칙을 찾아 해결하기

12의 배수는 3의 배수이면서 4의 배수입니다.
4의 배수가 되려면 끝의 두 자리 수가 00 또는 4의 배수이어야 합니다.
□2가 4의 배수가 되는 경우는 12, 32, 52, 72, 92이므로
□=1, 3, 5, 7, 9입니다.
이 중 3의 배수가 되려면 각 자리 숫자의 합이 3의 배수이어야 합니다.
- □=1이면 $1+6+1+2=10$
  ➡ 3의 배수가 아닙니다.
- □=3이면 $1+6+3+2=12$
  ➡ 3의 배수입니다.
- □=5이면 $1+6+5+2=14$
  ➡ 3의 배수가 아닙니다.
- □=7이면 $1+6+7+2=16$
  ➡ 3의 배수가 아닙니다.

• □=9이면 1+6+9+2=18

➡ 3의 배수입니다.

따라서 만들 수 있는 네 자리 수는 1632, 1692로 모두 2개입니다.

20 조건을 따져 해결하기

나열된 분수의 분모와 분자의 차는 25로 항상 일정합니다.

$\frac{6}{11}$과 크기가 같은 분수를 $\frac{6\times\square}{11\times\square}$라고 하면

$11\times\square-6\times\square=25$, $5\times\square=25$, $\square=5$입니다.

따라서 $\frac{6}{11}$과 크기가 같은 분수는

$\frac{6\times5}{11\times5}=\frac{30}{55}$이므로

30−6+1=25(째)입니다.

나열된 분수의 분모와 분자의 차는 25로 항상 일정합니다.

$\frac{6}{11}$의 분모와 분자의 차는 11−6=5이므로

25는 $\frac{6}{11}$의 분모와 분자의 차의

25÷5=5(배)입니다.

따라서 $\frac{6}{11}$과 크기가 같은 분수는

$\frac{6\times5}{11\times5}=\frac{30}{55}$이므로

30−6+1=25(째)입니다.

21~30	120~123쪽
21 5×(8+32)÷10−6=14	
22 $4\frac{1}{4}$ **23** 4700원 **24** 8번	
25 91.98 L **26** 6분 후	
27 $\frac{15}{36}=\frac{1}{12}+\frac{1}{3}$, $\frac{15}{36}=\frac{1}{6}+\frac{1}{4}$	
28 $\frac{6}{19}$	
29 빨간색 구슬: 1개, 파란색 구슬: 3개, 노란색 구슬: 4개	
30 30	

21 예상과 확인으로 해결하기

32÷10의 계산 결과가 자연수가 아니므로 나누어지는 수가 나누어떨어지도록 (　　)로 묶고 계산해 봅니다.

[예상1] 5×(8+32)÷10−6
=5×40÷10−6
=200÷10−6
=20−6=14
➡ 예상이 맞았습니다.

[예상2] 5×8+32÷(10−6)
=5×8+32÷4
=40+8=48
➡ 예상이 틀렸습니다.

따라서 등식이 성립하도록 (　　)로 묶으면 5×(8+32)÷10−6=14입니다.

22 조건을 따져 해결하기

두 대분수의 곱이 가장 작으려면 각 주머니마다 가장 작은 대분수를 만들어야 하므로 자연수에 가장 작은 수를 놓습니다.

각 주머니에서 만들 수 있는 가장 작은 대분수는 $2\frac{5}{6}$, $1\frac{4}{8}$이므로

$$2\frac{5}{6}\times1\frac{4}{8}=\frac{17}{\cancel{6}_{1}}\times\frac{\cancel{12}^{\cancel{2}^{1}}}{\cancel{8}_{4}}=\frac{17}{4}=4\frac{1}{4}$$

입니다.

23 조건을 따져 해결하기

2610 m=2 km 610 m이므로 1 km보다 1 km 610 m 더 달렸습니다.

100 m를 달릴 때마다 택시 요금이 100원씩 추가되므로 610 m를 버림하여 백의 자리까지 나타내어 계산합니다.

610 m를 버림하여 백의 자리까지 나타내면 600 m이고, 1 km 600 m=1600 m이므로 16×100=1600(원)의 요금이 추가됩니다.

따라서 택시를 타고 2610 m를 달릴 때 택시 요금은 3100+1600=4700(원)입니다.

24 단순화하여 해결하기

12와 8의 최소공배수는 24이므로 24분마다 대전행과 전주행 버스가 동시에 출발합니다.

오전 7시부터 오전 10시까지는 3시간(=180분)이고 180÷24=7⋯12이므로 7번 더 동시에 출발합니다.
따라서 오전 7시부터 오전 10시까지 동시에 출발하는 횟수는 모두 1+7=8(번)입니다.

(참고)
대전행과 전주행 버스가 동시에 출발하는 시각은 7시, 7시 24분, 7시 48분, 8시 12분, 8시 36분, 9시, 9시 24분, 9시 48분으로 모두 8번입니다.

25 식을 만들어 해결하기

(1분 동안 받을 수 있는 물의 양)
=18.5−3.9=14.6 (L)

6분 18초$=6\frac{\overset{3}{\cancel{18}}}{\underset{10}{\cancel{60}}}$분$=6\frac{3}{10}$분=6.3분

➡ (6분 18초 동안 받을 수 있는 물의 양)
=(1분 동안 받을 수 있는 물의 양)
×(물을 받는 시간)
=14.6×6.3=91.98 (L)

26 표를 만들어 해결하기

진서가 집을 떠나고 7분 동안 걸어간 거리는 30×7=210 (m)입니다.
누나가 뛰어간 시간에 따른 진서와 누나가 간 거리를 표에 나타내면 다음과 같습니다.

누나가 뛰어간 시간(분)	1	2	3	4	5	6
진서가 간 거리(m)	240	270	300	330	360	390
누나가 뛰어간 거리(m)	65	130	195	260	325	390

따라서 누나는 집을 떠난 지 적어도 6분 후에 진서를 만납니다.

거꾸로 풀어 해결하기

누나가 집을 떠난 지 적어도 □분 후에 진서를 만난다고 하면
210+30×□=65×□이므로
65×□−30×□=210, 35×□=210,
□=6입니다.
따라서 누나는 집을 떠난 지 적어도 6분 후에 진서를 만납니다.

27 조건을 따져 해결하기

단위분수로 나타내려면 분자는 분모의 약수이어야 하므로 36의 약수 중 합이 15인 두 수를 찾습니다.
36의 약수: 1, 2, 3, 4, 6, 9, 12, 18, 36
36의 약수 중 합이 15인 두 수는 3과 12, 6과 9입니다.

➡ $\frac{15}{36}=\frac{\overset{1}{\cancel{3}}}{\underset{12}{\cancel{36}}}+\frac{\overset{1}{\cancel{12}}}{\underset{3}{\cancel{36}}}=\frac{1}{12}+\frac{1}{3}$,

$\frac{15}{36}=\frac{\overset{1}{\cancel{6}}}{\underset{6}{\cancel{36}}}+\frac{\overset{1}{\cancel{9}}}{\underset{4}{\cancel{36}}}=\frac{1}{6}+\frac{1}{4}$

28 조건을 따져 해결하기

어떤 분수를 $\frac{\triangle}{\square}$라고 하면

$\frac{\triangle}{\square-1}=\frac{1}{3}=\frac{2}{6}=\frac{3}{9}=\frac{4}{12}=\frac{5}{15}$
$=\frac{6}{18}=\cdots\cdots$이고,
$\frac{\triangle}{\square+5}=\frac{1}{4}=\frac{2}{8}=\frac{3}{12}=\frac{4}{16}=\frac{5}{20}$
$=\frac{6}{24}=\cdots\cdots$입니다.

약분하기 전의 분수의 분자는 △로 같고 분모는 □−1과 □+5이므로 6 차이가 납니다.
분자가 같고 분모의 차가 6인 두 분수는
$\frac{6}{18}$과 $\frac{6}{24}$이므로 △=6, □=19입니다.
따라서 어떤 분수는 $\frac{6}{19}$입니다.

29 예상과 확인으로 해결하기

- 빨간색: 1개, 파란색: 2개,
노란색: 8−1−2=5(개)라고 예상하면 상자에서 구슬 한 개를 꺼낼 때 구슬이 노란색일 가능성은 $\frac{5}{8}$입니다.
➡ 예상이 틀렸습니다.
- 빨간색: 1개, 파란색: 3개,
노란색: 8−1−3=4(개)라고 예상하면 상자에서 구슬 한 개를 꺼낼 때 구슬이 노란색일 가능성은 $\frac{\overset{1}{\cancel{4}}}{\underset{2}{\cancel{8}}}=\frac{1}{2}$입니다.
➡ 예상이 맞았습니다.

따라서 빨간색 구슬은 1개, 파란색 구슬은 3개, 노란색 구슬은 4개입니다.

 단순화하여 해결하기

상자에 들어 있는 구슬 8개 중에서 한 개를 꺼낼 때 구슬이 노란색일 가능성이 $\frac{1}{2}$이므로 노란색 구슬은 4개입니다.
빨간색 구슬과 파란색 구슬 수의 합이 $8-4=4$(개)이므로 빨간색 구슬이 가장 적은 경우는 빨간색: 1개, 파란색: 3개일 때입니다.
따라서 빨간색 구슬은 1개, 파란색 구슬은 3개, 노란색 구슬은 4개입니다.

30 조건을 따져 해결하기

주사위 한 개의 눈의 수의 합은 $1+2+3+4+5+6=21$입니다.
겉면의 눈의 수의 합이 가장 작으려면 가장 큰 수가 적힌 면을 서로 맞닿게 쌓아야 하므로 주사위 2개가 맞닿는 면의 눈의 수는 모두 6입니다.
➡ $21\times2-(6+6)$
$=42-12=30$

31~40 124~127쪽

31 7번째	**32** 120 g
33 222200원	**34** 90 cm^2
35 24개	**36** $\frac{13}{15}$ cm
37 10.14 m	**38** 112, 128
39 48 cm	**40** 4개

31 규칙을 찾아 해결하기

각 정류장에서 태우는 승객의 수를 표에 나타내면 다음과 같습니다.

정류장	첫 번째	두 번째	세 번째	……
태우는 승객의 수(명)	3	5	7	……

정류장을 1번 이동할 때마다 태우는 승객의 수는 2명씩 늘어나는 규칙입니다.
따라서 $3+5+7+9+11+13+15=63$이므로 버스의 정원이 다 찼을 때는 7번째 정류장입니다.

32 식을 만들어 해결하기

2 kg 960 g=2960 g, 1 kg 895 g=1895 g
음료수 8개가 들어 있는 상자에서 음료수 3개를 빼면 음료수 5개가 됩니다.

(음료수 무게)×8 +(상자 무게)=2960 g … ①
(음료수 무게)×5 +(상자 무게)=1895 g … ②
−) (음료수 무게)×3 =1065 g … ③

③에서
(음료수 무게)=1065÷3=355 (g)이므로
②에서
(상자 무게)=1895−355×5
=1895−1775=120 (g)입니다.
따라서 상자만의 무게는 120 g입니다.

33 조건을 따져 해결하기

- 253을 올림하여 십의 자리까지 나타내면 260이므로 관람권을 10장 단위로 26묶음 사야 합니다.
  ➡ 8700×26=226200(원)이 필요합니다.
- 253을 올림하여 백의 자리까지 나타내면 300이므로 관람권을 100장 단위로 3묶음 사야 합니다.
  ➡ 85000×3=255000(원)이 필요합니다.
- 관람권을 100장 단위와 10장 단위를 섞어서 사려면 100장 단위로 2묶음, 10장 단위로 6묶음 사야 합니다.
  ➡ 85000×2+8700×6
  =170000+52200=222200(원)이 필요합니다.

따라서 가장 적은 돈으로 관람권을 사려면 222200원이 필요합니다.

34 조건을 따져 해결하기

삼각형 ㅅㅁㄷ에서
(각 ㄷㅅㅁ의 크기)=180°−90°−45°=45°
이므로 삼각형 ㅅㅁㄷ은 이등변삼각형이고

(선분 ㅁㄷ의 길이)=(선분 ㅁㅅ의 길이)
=13 cm입니다.
삼각형 ㄱㄴㄷ에서
(각 ㄷㄱㄴ의 크기)=180°−90°−45°=45°
이므로 삼각형 ㄱㄴㄷ은 이등변삼각형이고
삼각형 ㄱㄴㄷ과 삼각형 ㄹㅁㅂ은 서로 합동
입니다.
(선분 ㄱㄴ의 길이)
=(선분 ㄴㄷ의 길이)
=(선분 ㅁㅂ의 길이)
=(선분 ㅁㄷ의 길이)+(선분 ㄷㅂ의 길이)
=13+5=18 (cm)
(선분 ㄴㅁ의 길이)
=(선분 ㄴㄷ의 길이)−(선분 ㅁㄷ의 길이)
=18−13=5 (cm)
따라서 직사각형 ㄱㄴㅁㄹ의 넓이는
$5\times18=90\ (\mathrm{cm}^2)$입니다.

35 조건을 따져 해결하기

45=9×5=3×3×5이므로 45는 3의 배수도 되고, 5의 배수도 됩니다.
분자가 3의 배수 또는 5의 배수가 아니면 기약분수로 나타낼 수 있습니다.
44 이하인 수 중에서 3의 배수의 개수는
44÷3=14…2이므로 14개입니다.
44 이하인 수 중에서 5의 배수의 개수는
44÷5=8…4이므로 8개입니다.
44 이하인 수 중에서 15의 배수의 개수는
44÷15=2…14이므로 2개입니다.
➡ 44 이하인 수 중에서 3의 배수 또는 5의 배수는 14+8−2=20(개)입니다.
따라서 분모가 45인 진분수 중에서 기약분수는
44−20=24(개)입니다.

36 식을 만들어 해결하기

$\frac{1}{5}$분$=\frac{12}{60}$분=12초이고
12초 동안 탄 양초의 길이는
$12\frac{3}{5}-9\frac{2}{3}=12\frac{9}{15}-9\frac{10}{15}$
$=11\frac{24}{15}-9\frac{10}{15}=2\frac{14}{15}$ (cm)입니다.
36초 동안 탄 양초의 길이는 12초 동안 탄 양초의 길이의 3배이므로
$2\frac{14}{15}\times3=\frac{44}{\cancel{15}_{5}}\times\cancel{3}^{1}$
$=\frac{44}{5}=8\frac{4}{5}$ (cm)입니다.
따라서 남은 양초의 길이는
$9\frac{2}{3}-8\frac{4}{5}=9\frac{10}{15}-8\frac{12}{15}$
$=8\frac{25}{15}-8\frac{12}{15}=\frac{13}{15}$ (cm)입니다.

37 조건을 따져 해결하기

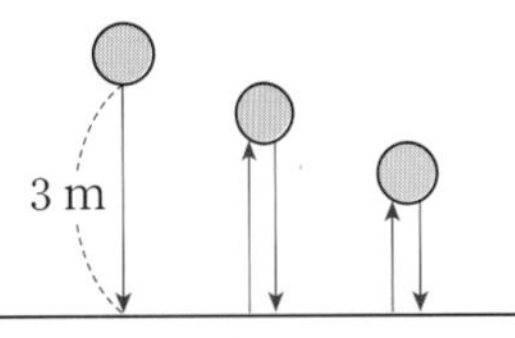

공이 세 번째로 땅에 닿는 것은 두 번째로 튀어 오른 후 땅에 떨어졌을 때입니다.
(첫 번째로 튀어 오른 공의 높이)
=3×0.7=2.1 (m)
(두 번째로 튀어 오른 공의 높이)
=2.1×0.7=1.47 (m)
따라서 공이 세 번째로 땅에 닿을 때까지 움직인 거리는
3+2.1×2+1.47×2
=3+4.2+2.94=10.14 (m)입니다.

38 거꾸로 풀어 해결하기

두 수를 가, 나라고 하면
16) 가 나
　　○ □
이므로 가=16×○, 나=16×□입니다.
이때 ○와 □의 공약수는 1뿐입니다.
가와 나의 최소공배수가 896이므로
16×○×□=896,
○×□=896÷16=56이고
가와 나의 합이 240이므로
16×○+16×□=240,
○+□=240÷16=15입니다.
따라서 ○=7, □=8 또는 ○=8, □=7이므로 두 수는 16×7=112, 16×8=128입니다.

39 그림을 그려 해결하기

직사각형의 세로를 □cm라고 하면 정사각형 모양의 색종이의 한 변의 길이는 (□×4) cm입니다.

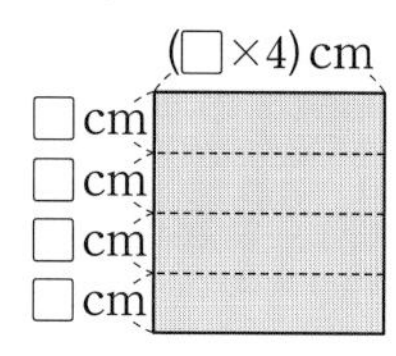

직사각형 4개를 겹치지 않게 한 줄로 길게 이으면 다음과 같습니다.

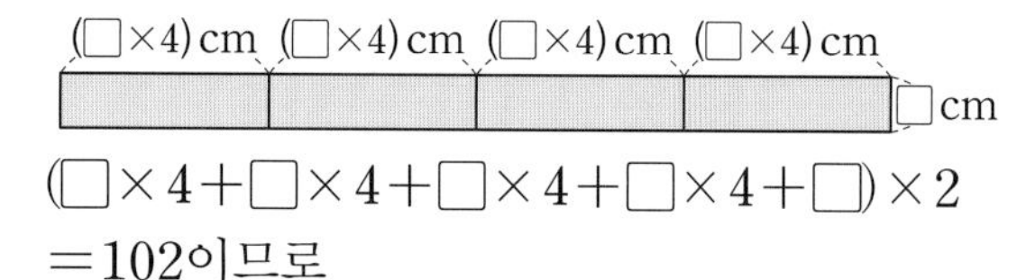

(□×4+□×4+□×4+□×4+□)×2
=102이므로
(□×17)×2=102, □×17=51,
□=3입니다.
따라서 정사각형 모양의 색종이의 한 변의 길이가 3×4=12 (cm)이므로 정사각형 모양의 색종이의 둘레는 12×4=48 (cm)입니다.

40 단순화하여 해결하기

약수가 3개인 수는 약수가 2개인 수를 두 번 곱한 수입니다.
약수가 2개인 수는
2, 3, 5, 7, 11, 13……
입니다.
따라서 약수가 3개인 수는
2×2=4, 3×3=9, 5×5=25,
7×7=49, 11×11=121……
이고 이 중 100보다 작은 수는 4, 9, 25, 49이므로 모두 4개입니다.

참고

- 약수가 2개인 수는 1과 자기 자신만으로 나누어떨어지는 1보다 큰 자연수이고 이 수를 소수라고 합니다.
  예 2, 3, 5, 7, 11, 13……
- 똑같은 소수를 2번 곱한 수의 약수는 항상 3개입니다.
  예 2×2=4의 약수: 1, 2, 4
  3×3=9의 약수: 1, 3, 9

41~50   128~131쪽

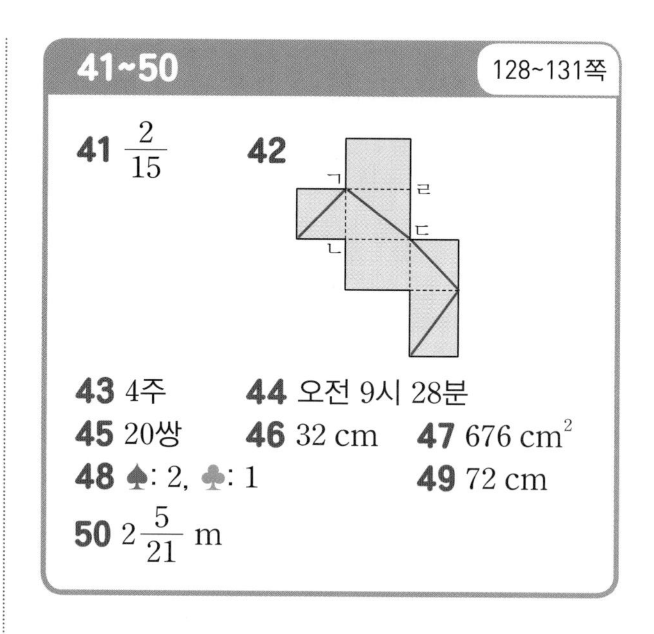

41 $\frac{2}{15}$ **42** (그림)

43 4주 **44** 오전 9시 28분
45 20쌍 **46** 32 cm **47** 676 cm^2
48 ♠: 2, ♣: 1 **49** 72 cm
50 $2\frac{5}{21}$ m

41 그림을 그려 해결하기

주어진 조건을 그림으로 나타내면 다음과 같습니다.

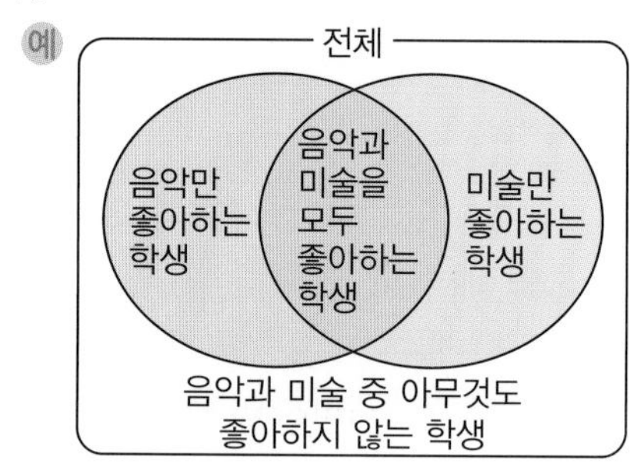

전체를 1이라고 생각하면
(음악이나 미술을 좋아하는 학생)
=(음악을 좋아하는 학생)
+(미술을 좋아하는 학생)
−(음악과 미술을 모두 좋아하는 학생)
$=\frac{3}{5}+\frac{1}{3}-\frac{1}{15}=\frac{9}{15}+\frac{5}{15}-\frac{1}{15}=\frac{13}{15}$
(음악과 미술 중 아무것도 좋아하지 않는 학생)
$=1-\frac{13}{15}=\frac{2}{15}$

42 그림을 그려 해결하기

전개도를 접을 때 서로 만나는 꼭짓점을 표시하면 다음 그림과 같습니다.

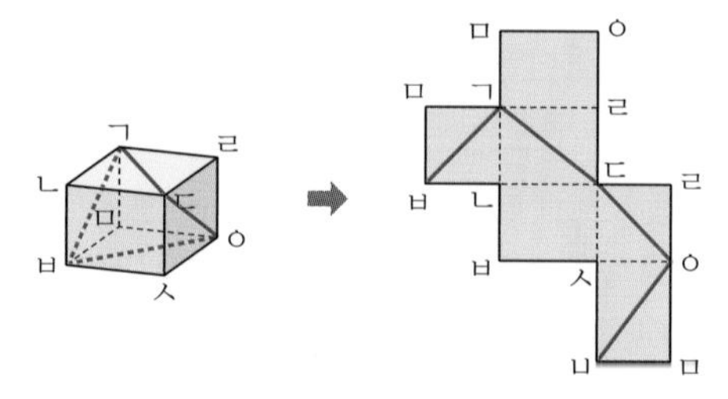

선분 ㄱㄷ, 선분 ㄷㅇ, 선분 ㅂㅇ, 선분 ㄱㅂ을 전개도에 그어 봅니다.

43 식을 만들어 해결하기

몇 주 후의 연습한 양은

$2+1\frac{29}{32}=3\frac{29}{32}$ (km)입니다.

(1주차 연습한 양)$=2$ km

(2주치 연습한 양)

$=2+\overset{1}{\cancel{2}}\times\frac{1}{\underset{2}{\cancel{4}}}=2+\frac{1}{2}=2\frac{1}{2}$ (km)

(3주차 연습한 양)

$=2\frac{1}{2}+2\frac{1}{2}\times\frac{1}{4}=2\frac{1}{2}+\frac{5}{2}\times\frac{1}{4}$

$=2\frac{1}{2}+\frac{5}{8}=2\frac{4}{8}+\frac{5}{8}=2\frac{9}{8}=3\frac{1}{8}$ (km)

(4주차 연습한 양)

$=3\frac{1}{8}+3\frac{1}{8}\times\frac{1}{4}=3\frac{1}{8}+\frac{25}{8}\times\frac{1}{4}$

$=3\frac{1}{8}+\frac{25}{32}=3\frac{4}{32}+\frac{25}{32}=3\frac{29}{32}$ (km)

따라서 성규는 연습을 4주 동안 했습니다.

44 단순화하여 해결하기

긴 통나무를 10도막으로 자르려면

$10-1=9$(번) 잘라야 하고,

마지막에는 쉬지 않으므로 $9-1=8$(번)을 쉬게 됩니다.

(긴 통나무를 10도막으로 자르는 데 걸리는 시간)$=8\times9+2\times8=72+16=88$(분)

➡ 1시간 28분

따라서 오전 8시에 긴 통나무를 자르기 시작하면 10도막으로 잘랐을 때의 시각은

오전 8시+1시간 28분=오전 9시 28분

입니다.

참고
- (통나무 도막 수)$-1=$(통나무 자른 횟수)
- (통나무 자른 횟수)$-1=$(쉬는 시간 횟수)

45 단순화하여 해결하기

그림에 다음과 같이 각각 번호를 정합니다.

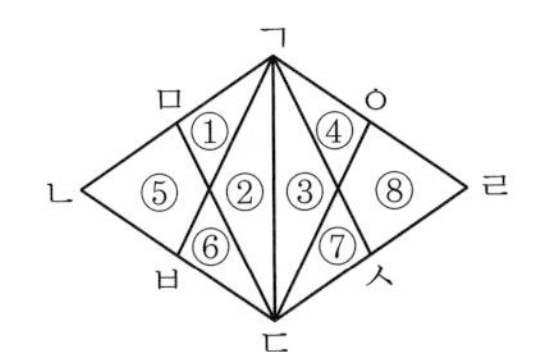

- 작은 도형 1개짜리:
  (①, ④), (①, ⑥), (①, ⑦), (④, ⑥),
  (④, ⑦), (⑥, ⑦), (②, ③) ➡ 7쌍
- 작은 도형 2개짜리:
  (①+②, ②+⑥), (①+②, ③+④),
  (①+②, ③+⑦), (②+⑥, ③+④),
  (②+⑥, ③+⑦), (③+④, ③+⑦),
  (①+⑤, ④+⑧), (①+⑤, ⑤+⑥),
  (①+⑤, ⑦+⑧), (④+⑧, ⑤+⑥),
  (④+⑧, ⑦+⑧), (⑤+⑥, ⑦+⑧)
  ➡ 12쌍
- 작은 도형 4개짜리:
  (①+②+⑤+⑥, ③+④+⑦+⑧)
  ➡ 1쌍

따라서 합동인 삼각형은 모두

$7+12+1=20$(쌍)입니다.

46 조건을 따져 해결하기

면 ㉠과 만나는 4개의 면은 면 ㉠과 수직이므로 길이가 8 cm인 4개의 모서리가 면 ㉠과 수직으로 만납니다.

따라서 면 ㉠과 수직인 모서리의 길이의 합은

$8\times4=32$ (cm)입니다.

47 거꾸로 풀어 해결하기

사각형 ㄱㅂㄷㅁ은 마름모이므로

(선분 ㅁㄷ의 길이)=(선분 ㄱㅁ의 길이)이고,

사각형 ㄱㄴㄷㄹ의 가로가 세로의 4배이므로

선분 ㄹㄷ의 길이를 □cm라고 하면

선분 ㄱㄹ의 길이는 (□×4) cm입니다.

(삼각형 ㅁㄷㄹ의 둘레)

=(선분 ㅁㄷ의 길이)+(선분 ㅁㄹ의 길이)
+(선분 ㄹㄷ의 길이)

=(선분 ㄱㅁ의 길이)+(선분 ㅁㄹ의 길이)
+(선분 ㄹㄷ의 길이)

=(선분 ㄱㄹ의 길이)+(선분 ㄹㄷ의 길이)

이므로

65=□×4+□, □×5=65,

□=13입니다.

따라서 사각형 ㄱㄴㄷㄹ의 세로는 13 cm이고,

가로는 $13\times4=52$ (cm)이므로

넓이는 $52\times13=676$ (cm^2)입니다.

48 예상과 확인으로 해결하기

$1<\frac{♠}{3}+\frac{♣}{2}<2$이므로

$\frac{6}{6}<\frac{♠\times2+♣\times3}{6}<\frac{12}{6}$,

$6<♠\times2+♣\times3<12$입니다.

- ♠$=1$이라고 예상하면
  $6<1\times2+♣\times3<12$,
  $6<2+♣\times3<12$,
  $4<♣\times3<10$을 만족하는 ♣$=2$, 3입니다.
  ➡ $\frac{♣}{2}$는 진분수이므로 예상이 틀렸습니다.
- ♠$=2$라고 예상하면
  $6<2\times2+♣\times3<12$,
  $6<4+♣\times3<12$,
  $2<♣\times3<8$을 만족하는 ♣$=1$, 2입니다.
  ➡ $\frac{♣}{2}$가 진분수인 경우는 ♣$=1$이므로 예상이 맞았습니다.

따라서 ♠$=2$, ♣$=1$입니다.

49 단순화하여 해결하기

다음 그림에서 색칠한 부분은 모두 합동이므로 작은 정사각형 5개를 붙인 도형의 넓이와 사각형 ㄱㄴㄷㄹ의 넓이는 같습니다.

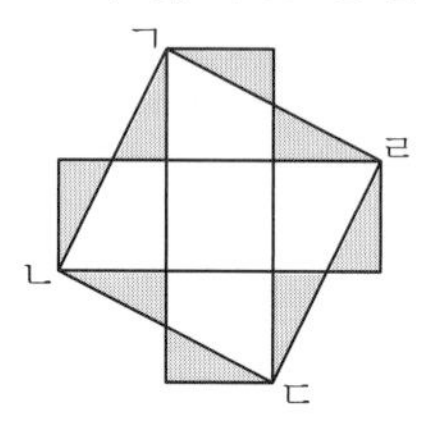

사각형 ㄱㄴㄷㄹ의 한 변의 길이를 □cm라고 하면 정사각형이므로 □×□$=324$이고
$18\times18=324$이므로 □$=18$입니다.
따라서 사각형 ㄱㄴㄷㄹ의 둘레는
$18\times4=72$ (cm)입니다.

50 그림을 그려 해결하기

수영장에 넣었다 꺼낸 막대를 그림으로 나타내면 다음과 같습니다.

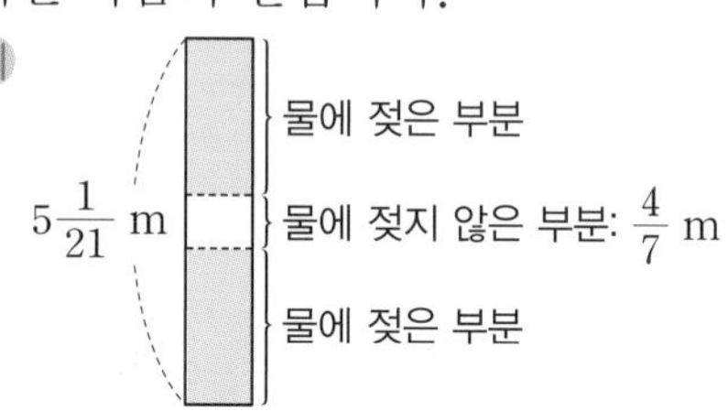

물에 젖은 부분은 수영장의 깊이와 같고 막대의 위와 아래에 있으므로 그 합은 수영장의 깊이의 2배입니다.

➡ (물에 젖은 부분의 길이의 합)

$=5\frac{1}{21}-\frac{4}{7}=5\frac{1}{21}-\frac{12}{21}$

$=4\frac{22}{21}-\frac{12}{21}=4\frac{10}{21}$ (m)

따라서 $4\frac{10}{21}=2\frac{5}{21}+2\frac{5}{21}$이므로 수영장의 깊이는 $2\frac{5}{21}$ m입니다.

51~60 (132~135쪽)

51 14	**52** 36	**53** $\frac{2}{5}$
54 112 cm	**55** 80 cm^2	**56** 82점
57 54개	**58** 13.5 cm	**59** 121조각
60 12명		

51 예상과 확인으로 해결하기

㉠×8의 일의 자리 숫자가 2이므로
㉠$=4$ 또는 ㉠$=9$입니다.

- ㉠$=4$라고 예상하면 $4\times6+3=27$이므로 ㉢$=7$이고 $4\times$㉡$+2=14$이므로 ㉡$=3$입니다.
- ㉠$=9$라고 예상하면 $9\times6+7=61$이므로 ㉢$=1$이고 $9\times$㉡$+6=14$를 만족하는 자연수 ㉡은 없습니다.

따라서 ㉠$=4$, ㉡$=3$, ㉢$=7$이므로
㉠+㉡+㉢$=4+3+7=14$입니다.

52 조건을 따져 해결하기

두 수의 곱이 315이므로 315의 약수를 모두 구하면 1, 3, 5, 7, 9, 15, 21, 35, 45, 63, 105, 315입니다.
두 수의 곱이 315인 수끼리 짝을 지어 보면
(1, 315), (3, 105), (5, 63), (7, 45),
(9, 35), (15, 21)입니다.
이 중에서 최대공약수가 3인 경우는
(3, 105)와 (15, 21)이고
$3+105=108$, $15+21=36$이므로 두 수의 합이 가장 작을 때의 합은 36입니다.

53 단순화하여 해결하기

$\frac{1}{6}+\frac{1}{12}+\frac{1}{20}+\frac{1}{30}+\frac{1}{42}+\frac{1}{56}+\frac{1}{72}+\frac{1}{90}$

$=\frac{1}{2\times3}+\frac{1}{3\times4}+\frac{1}{4\times5}+\frac{1}{5\times6}+\frac{1}{6\times7}+\frac{1}{7\times8}+\frac{1}{8\times9}+\frac{1}{9\times10}$

$=\frac{1}{2}-\frac{1}{3}+\frac{1}{3}-\frac{1}{4}+\frac{1}{4}-\frac{1}{5}+\frac{1}{5}-\frac{1}{6}+\frac{1}{6}-\frac{1}{7}+\frac{1}{7}-\frac{1}{8}+\frac{1}{8}-\frac{1}{9}+\frac{1}{9}-\frac{1}{10}$

$=\frac{1}{2}-\frac{1}{10}=\frac{5}{10}-\frac{1}{10}=\frac{4}{10}=\frac{2}{5}$

54 규칙을 찾아 해결하기

정사각형 모양의 종이의 둘레는 $4\times4=16$ (cm)이고, 겹치는 부분의 둘레는 $1\times4=4$ (cm)입니다.

정사각형 모양의 종이가 1장일 때의 둘레: $4\times4=16$ (cm)

➡ 16 cm

정사각형 모양의 종이가 2장일 때의 둘레: $16\times2-4=28$ (cm)

➡ $16+12=28$ (cm)

정사각형 모양의 종이가 3장일 때의 둘레: $16\times3-4\times2=40$ (cm)

➡ $16+12\times2=40$ (cm)

⋮

정사각형 모양의 종이가 1장씩 늘어날 때마다 둘레는 12 cm씩 늘어나는 규칙입니다.

따라서 정사각형 모양의 종이를 9장 붙였을 때 붙인 도형의 둘레는 $16+12\times8=112$ (cm)입니다.

(참고) 정사각형 모양의 종이를 ■장 붙이면 겹치는 부분은 (■-1)군데입니다.

55 조건을 따져 해결하기

다음 그림과 같이 선분 ㄴㅁ을 그으면 삼각형 ㄱㄴㅁ의 밑변인 선분 ㄱㄴ의 길이는 삼각형 ㄱㄹㅁ의 밑변인 선분 ㄱㄹ의 길이의 5배이고 두 삼각형의 높이는 같으므로

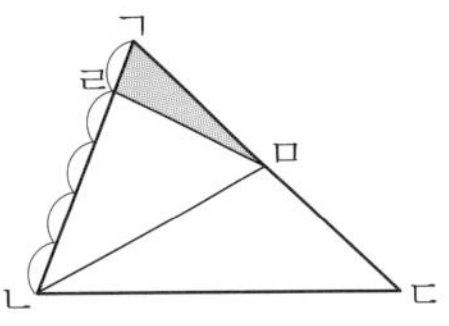

(삼각형 ㄱㄴㅁ의 넓이)

=(삼각형 ㄱㄹㅁ의 넓이)$\times5$

$=8\times5=40$ (cm^2)입니다.

삼각형 ㄱㄴㅁ의 밑변인 선분 ㄱㅁ의 길이와 삼각형 ㄴㄷㅁ의 밑변인 선분 ㅁㄷ의 길이가 같고 두 삼각형의 높이도 같으므로

(삼각형 ㄴㄷㅁ의 넓이)

=(삼각형 ㄱㄴㅁ의 넓이)$=40$ cm^2

➡ (삼각형 ㄱㄴㄷ의 넓이)

=(삼각형 ㄱㄴㅁ의 넓이)

+(삼각형 ㄴㄷㅁ의 넓이)

$=40+40=80$ (cm^2)

56 예상과 확인으로 해결하기

합격한 80명의 평균 점수를 □점이라고 하면 불합격한 220명의 평균 점수는 (□-18)점입니다.

응시한 300명의 평균 점수가 68.8점이므로

$\frac{80\times□+220\times(□-18)}{300}=68.8$입니다.

• □$=80$이라고 예상하면

$\frac{80\times80+220\times62}{300}=\frac{6400+13640}{300}$

$=\frac{20040}{300}=66.8$입니다.

➡ 예상이 틀렸습니다.

• □$=81$이라고 예상하면

$\frac{80\times81+220\times63}{300}=\frac{6480+13860}{300}$

$=\frac{20340}{300}=67.8$입니다.

➡ 예상이 틀렸습니다.

• □$=82$라고 예상하면

$\frac{80\times82+220\times64}{300}=\frac{6560+14080}{300}$

$=\frac{20640}{300}=68.8$입니다.

➡ 예상이 맞았습니다.

따라서 합격한 80명의 평균 점수는 82점입니다.

57 표를 만들어 해결하기

100 이상 134 이하인 자연수는
$134-100+1=35$(개)입니다.
㉠ 초과 ㉡ 미만인 자연수의 개수는
㉡－㉠－1＝35이므로 ㉡－㉠＝36입니다.
이 식을 만족하는 ㉠과 ㉡의 값을 표에 나타내면 다음과 같습니다.

㉡	99	98	97	……	46
㉠	63	62	61	……	10

따라서 (㉠, ㉡)의 개수는 46 이상 99 이하인 자연수의 개수와 같으므로
$99-46+1=54$(개)입니다.

58 그림을 그려 해결하기

점대칭도형에 다음과 같이 보조선을 그어 봅니다.

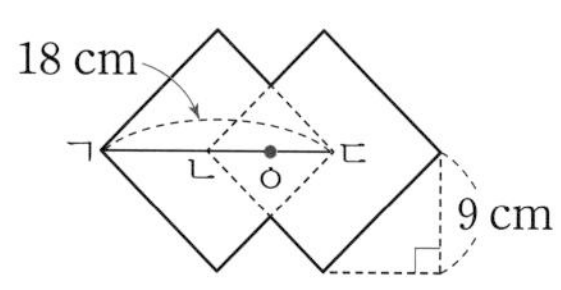

정사각형은 네 변의 길이가 같으므로 두 대각선의 길이가 $9\times2=18$ (cm)인 마름모라고 할 수 있습니다.
(정사각형 2개의 넓이의 합)
$=(18\times18\div2)\times2=324$ (cm^2)
(겹쳐진 부분의 넓이)
$=324-283.5=40.5$ (cm^2)
겹쳐진 부분도 정사각형이면서 마름모이므로
선분 ㄴㄷ의 길이를 □cm라고 하면
□×□÷2＝40.5이므로
□×□＝81, □＝9입니다.
점대칭도형은 대응점에서 대칭의 중심까지의 거리가 같고 $4.5+4.5=9$이므로 선분 ㅇㄷ의 길이는 4.5 cm입니다.
➡ (선분 ㄱㅇ의 길이)
＝(선분 ㄱㄷ의 길이)－(선분 ㅇㄷ의 길이)
$=18-4.5=13.5$ (cm)

59 규칙을 찾아 해결하기

배열 순서와 도화지 조각 수 사이의 대응 관계를 표로 나타내면 다음과 같습니다.

배열 순서	첫째	둘째	셋째	넷째	……
도화지 조각 수(조각)	4	7	10	13	……

+3 +3 +3

배열 순서를 □, 도화지 조각 수를 △라고 할 때 두 양 사이의 대응 관계를 식으로 나타내면
□×3＋1＝△입니다.
□＝40일 때 △＝40×3＋1＝121입니다.
따라서 40째 도화지는 모두 121조각으로 나누어집니다.

60 그림을 그려 해결하기

효주네 반 남학생 수를 □명이라고 하면 여학생 수는 (□＋3)명입니다.
(달리기 기록의 합)＝(학생 수)×(평균 기록)을 이용하여 직사각형 모양으로 그림을 그리면 다음과 같습니다.

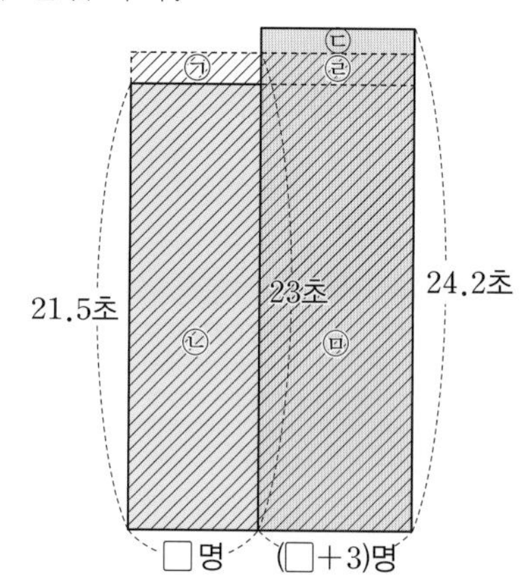

㉡의 넓이는 남학생의 달리기 기록의 합이고 ㉢＋㉣＋㉤의 넓이는 여학생의 달리기 기록의 합입니다.
(남학생의 달리기 기록의 합)
＋(여학생의 달리기 기록의 합)
＝(전체 학생의 달리기 기록의 합)이므로
(㉡의 넓이)＋(㉢＋㉣＋㉤의 넓이)
＝(㉠＋㉡＋㉣＋㉤의 넓이)입니다.
(㉢의 넓이)＝(㉠의 넓이)이므로
(□＋3)×(24.2－23)＝□×(23－21.5),
(□＋3)×1.2＝□×1.5,
(□＋3)×12＝□×15입니다.
➡ 15×12＝12×15이므로 □＝12입니다.
따라서 효주네 반 남학생은 12명입니다.

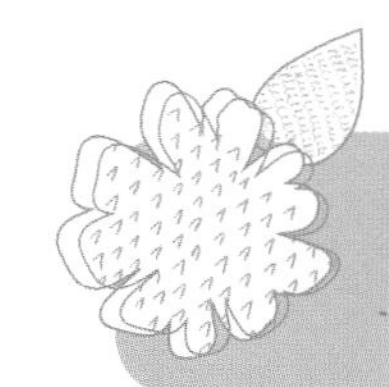

경시 대비 평가

1회 2~6쪽

1 10바퀴 **2** 144 cm^2 **3** $\frac{1}{175}$
4 $\frac{1}{4}$ **5** 16명 초과 25명 미만
6 지효네 가족, 370원 **7** 18
8 400 MB **9** 2초 후 **10** 31.35

1 세 톱니바퀴의 톱니가 처음 맞물렸던 자리에서 다시 만나기 위해 돌아야 하는 바퀴 수를 구하려면 12, 30, 18의 최소공배수를 구해야 합니다.

$$\begin{array}{r|rrr} 2 & 12 & 30 & 18 \\ \hline 3 & 6 & 15 & 9 \\ \hline & 2 & 5 & 3 \end{array}$$

➡ 최소공배수: $2\times3\times2\times5\times3=180$
따라서 톱니가 적어도 180개만큼 맞물려야 처음 맞물렸던 자리에서 다시 만나므로
㉰ 톱니바퀴는 적어도 $180\div18=10$(바퀴)를 돌아야 합니다.

2 점대칭도형을 완성하면 다음과 같습니다.

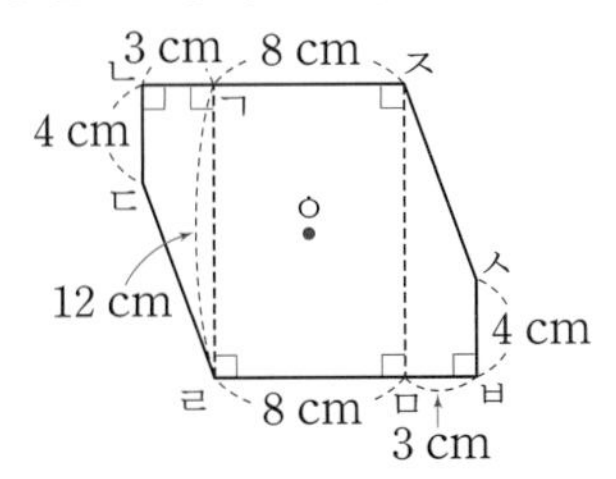

(사다리꼴 ㄱㄴㄷㄹ의 넓이)
$=(4+12)\times3\div2=24\ (cm^2)$
(직사각형 ㄱㄹㅁㅈ의 넓이)
$=8\times12=96\ (cm^2)$
(사다리꼴 ㅁㅂㅅㅈ의 넓이)
=(사다리꼴 ㄱㄴㄷㄹ의 넓이)
$=24\ cm^2$
➡ (완성한 점대칭도형의 넓이)
$=24+96+24=144\ (cm^2)$

3 배열 순서와 곱셈식을 표에 나타내면 다음과 같습니다.

배열 순서	첫째	둘째	셋째	넷째	다섯째	……
곱셈식	$\frac{1}{2}\times\frac{3}{1}$	$\frac{1}{3}\times\frac{4}{2}$	$\frac{1}{4}\times\frac{5}{3}$	$\frac{1}{5}\times\frac{6}{4}$	$\frac{1}{6}\times\frac{7}{5}$	……

△째에 놓일 곱셈식은
$\frac{1}{\triangle+1}\times\frac{\triangle+2}{\triangle}$입니다.
따라서 10째에 놓일 곱셈식: $\frac{1}{11}\times\frac{12}{10}$,
20째에 놓일 곱셈식: $\frac{1}{21}\times\frac{22}{20}$이므로

$\frac{1}{\cancel{11}_1}\times\frac{\overset{1}{\cancel{\overset{4}{\cancel{12}}}}}{\cancel{10}_5}\times\frac{1}{\cancel{21}_7}\times\frac{\overset{1}{\cancel{\overset{2}{\cancel{22}}}}}{\cancel{20}_5}=\frac{1}{175}$입니다.

4 1분 동안 채우는 물의 양은 ㉮ 수도꼭지로는 욕조 들이의 $\frac{1}{30}$, ㉯ 수도꼭지로는 욕조 들이의 $\frac{1}{15}$입니다.
1분 동안 배수구를 통해 빠져나가는 물의 양은 욕조 들이의 $\frac{1}{20}$이므로 배수구가 열려 있는 상태에서 ㉮, ㉯ 수도꼭지를 동시에 틀었을 때 1분 동안 채울 수 있는 물의 양은 욕조 들이의

$\frac{1}{30}+\frac{1}{15}-\frac{1}{20}$
$=\frac{2}{60}+\frac{4}{60}-\frac{3}{60}$
$=\frac{\overset{1}{\cancel{3}}}{\cancel{60}_{20}}=\frac{1}{20}$입니다.

따라서 배수구가 열려 있는 상태에서 ㉮, ㉯ 수도꼭지를 동시에 틀었을 때 5분 동안 채울 수 있는 물의 양은 욕조 들이의
$\frac{1}{\cancel{20}_4}\times\overset{1}{\cancel{5}}=\frac{1}{4}$입니다.

5 학생 수가 가장 적은 경우와 가장 많은 경우를 그림으로 나타내면 다음과 같습니다.

예

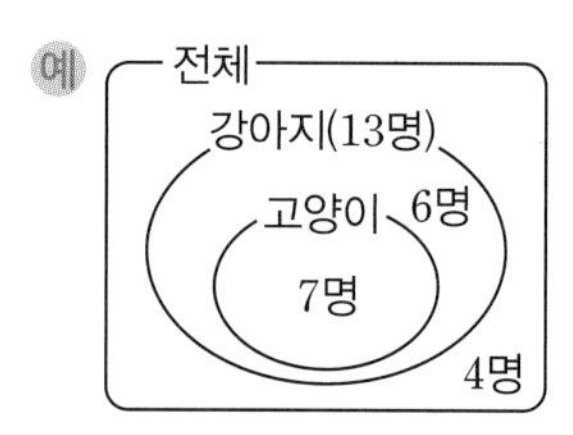

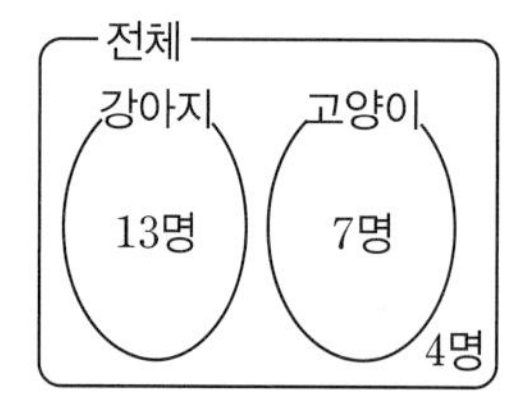

학생 수가 가장 적은 경우는 고양이를 좋아하는 학생 모두가 강아지를 좋아하는 경우이므로 학생 수가 가장 적은 경우의 학생 수는 13＋4＝17(명)입니다.
학생 수가 가장 많은 경우는 강아지와 고양이를 동시에 좋아하는 학생이 한 명도 없는 경우이므로 학생 수가 가장 많은 경우의 학생 수는 13＋7＋4＝24(명)입니다.
따라서 학생 수는 17명 이상 24명 이하이므로 16명 초과 25명 미만입니다.

6 [지효네 가족]
- 경로 일반실 요금
  ➡ 할아버지(67살): 7600원
- 어른 일반실 요금
  ➡ 아버지(43살), 어머니(44살): 10800원
- 어린이 일반실 요금
  ➡ 지효(12살): 5400원

(지효네 가족이 1인당 소비하는 무궁화호 요금)
＝(7600＋10800＋10800＋5400)÷4
＝34600÷4＝8650(원)

[준수네 가족]
- 어른 입석 요금
  ➡ 아버지(46살), 어머니(45살), 형(16살), 누나(14살): 9200원
- 어린이 입석 요금
  ➡ 준수(12살): 4600원

(준수네 가족이 1인당 소비하는 무궁화호 요금)
＝(9200＋9200＋9200＋9200＋4600)÷5
＝41400÷5＝8280(원)
따라서 8650＞8280이므로 1인당 소비하는 무궁화호 요금은 지효네 가족이 8650－8280＝370(원) 더 비쌉니다.

7 마주 보는 두 면에 적혀 있는 수의 합이 11이므로 전개도의 빈 곳의 수를 완성하면 다음과 같습니다.

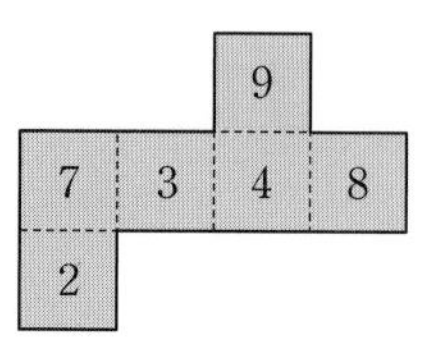

정육면체 3개를 붙인 모양을 정육면체 1개씩 나누어 맞닿은 면 4개에 적혀 있는 수를 구합니다.

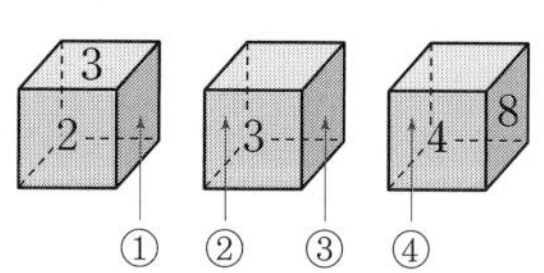

전개도를 접었을 때 정육면체에 적혀 있는 수를 생각하면 ①＝4입니다.
정육면체에서 마주 보는 두 면에 적혀 있는 수의 합은 11이므로 ②＋③＝11입니다.
정육면체에서 마주 보는 두 면에 적혀 있는 수의 합은 11이므로 ④＋8＝11, ④＝3입니다.
➡ ①＋②＋③＋④＝4＋11＋3＝18

8
- 가 요금제: 추가 사용한 데이터량이 100 MB씩 늘어날 때마다 총 사용 요금은 18000원에서 2500원씩 늘어납니다.
- 나 요금제: 추가 사용한 데이터량이 100 MB씩 늘어날 때마다 총 사용 요금은 20000원에서 2000원씩 늘어납니다.

추가 사용한 데이터량과 가, 나 요금제의 총 사용 요금 사이의 대응 관계를 표로 나타내면 다음과 같습니다.

추가 사용 데이터량(MB)	총 사용 요금(원)	
	가 요금제	나 요금제
0	18000	20000
100	20500	22000
200	23000	24000
300	25500	26000
400	28000	28000
500	30500	30000
⋮	⋮	⋮

따라서 400 MB를 사용했을 때 가 요금제와 나 요금제의 총 사용 요금이 같고 400 MB보다 많이 사용했을 경우 나 요금제의 총 사용 요금이 더 저렴하므로 데이터를 400 MB 초과로 사용할 때 나 요금제로 바꾸는 것이 더 저렴합니다.

9 겹치는 부분은 다음 그림과 같이 이등변삼각형이 되므로 높이를 □cm라고 하면 밑변의 길이는 (□+□) cm입니다.

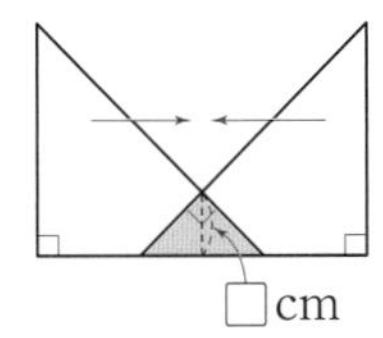

겹치는 부분의 넓이가 9 cm^2이므로
(□+□)×□÷2=9,
(□+□)×□=18이고
$(3+3)\times3=6\times3=18$이므로
□=3입니다.
➡ (밑변의 길이)$=3+3=6$ (cm)
두 삼각형이 각각 1초에 3 cm씩 화살표 방향으로 동시에 움직이는 그림은 다음과 같습니다.

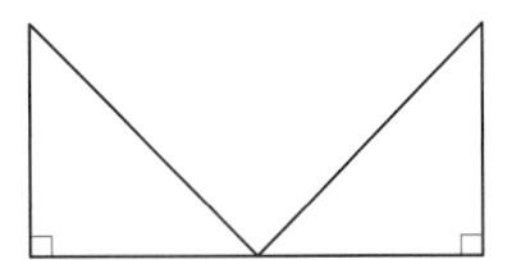

➡ 1초 후 겹치는 부분은 없습니다.

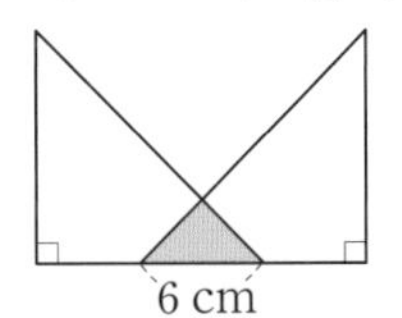

➡ (2초 후 겹치는 부분의 밑변의 길이)
=6 cm
따라서 겹치는 부분의 넓이가 처음으로 9 cm^2가 되는 때는 움직인 지 2초 후입니다.

10 세 소수의 합은 1□.8이고, 세 소수의 곱은 ○◇☆.△6이라고 하면
세 소수의 합인 1□.8에서 소수 첫째 자리 숫자가 8이고 세 소수의 소수 첫째 자리 숫자는 연속하여야 하므로 더했을 때 끝자리 숫자가 8이 되는 연속하는 세 수를 찾습니다.
➡ $5+6+7=18$이므로 세 소수는
▲.5, ▲.6, ▲.7입니다.
$3.5+3.6+3.7=10.8$,
$4.5+4.6+4.7=13.8$,
$5.5+5.6+5.7=16.8$,
$6.5+6.6+6.7=19.8$
▲.5+▲.6+▲.7=1□.8이므로 ▲에 들어갈 수 있는 수는 3, 4, 5, 6입니다.
• ▲=3일 때 $3.5\times3.6\times3.7=46.62$입니다.
➡ 예상이 틀렸습니다.
• ▲=4일 때 $4.5\times4.6\times4.7=97.29$입니다.
➡ 예상이 틀렸습니다.
• ▲=5일 때 $5.5\times5.6\times5.7=175.56$입니다.
➡ 예상이 맞았습니다.
• ▲=6일 때 $6.5\times6.6\times6.7=287.43$입니다.
➡ 예상이 틀렸습니다.
➡ 세 소수의 곱은 ○◇☆.△6이므로 연속하는 3개의 소수 한 자리 수는 5.5, 5.6, 5.7입니다.
따라서 연속하는 3개의 소수 한 자리 수 중 가장 큰 수와 가장 작은 수의 곱은
$5.7\times5.5=31.35$입니다.

2회 (7~11쪽)

1 60 L	**2** 3개	**3** 5개
4 2220	**5** 35	**6** $\frac{1}{41}$
7 75 cm^2	**8** $34\frac{2}{3}$ m	**9** ㅁ, ㅇ
10 56.38점		

1 15분 45초$=15\frac{45}{60}$분$=15\frac{3}{4}$분
$=15\frac{75}{100}$분$=15.75$분
처음 욕조에 담겨 있던 물의 양을 □L라고 하면 □$-3.2\times15.75=9.6$이므로
□$-50.4=9.6$, □$=60$입니다.
따라서 처음 욕조에 담겨 있던 물은 60 L입니다.

2 5의 배수는 일의 자리 숫자가 0 또는 5여야 하고, 6의 배수는 각 자리 숫자의 합이 3의 배수이면서 짝수이어야 합니다.
5의 배수이면서 짝수가 되려면 일의 자리 숫자인 ▲는 0이어야 합니다.
각 자리 숫자의 합인 4+7+■+0=11+■는 3의 배수이어야 하므로
11+■는 12, 15, 18, 21……이 되어야 합니다.

$11+■=12$ ➡ $■=1$
$11+■=15$ ➡ $■=4$
$11+■=18$ ➡ $■=7$
$11+■=21$ ➡ $■=10$ (■는 한 자리 수이므로 알맞지 않습니다.)
따라서 ■가 될 수 있는 수는 1, 4, 7이고, 만들 수 있는 네 자리 수는 4710, 4740, 4770으로 모두 3개입니다.

3 반올림하여 백의 자리까지 나타내면 38500이 되므로 십의 자리 숫자 ■는 0, 1, 2, 3, 4 중 하나입니다.
385■▲에서 ▲가 1부터 9까지의 수인 경우 올림하여 십의 자리까지 나타내면 십의 자리 숫자가 (■+1)이 되고 버림하여 십의 자리까지 나타내면 십의 자리 숫자가 ■가 됩니다.
즉 ▲는 0이어야 합니다.
따라서 어떤 수가 될 수 있는 수는
38500, 38510, 38520, 38530, 38540으로 모두 5개입니다.

4 계산한 값이 가장 크려면 가장 큰 수 사이에 ×를 써넣고 ÷로 가장 작은 수를 만들어 뺍니다.
따라서 가장 큰 값은
$81\times27+36-9\div3$
$=2187+36-3=2220$입니다.

5 84의 약수는 1, 2, 3, 4, 6, 7, 12, 14, 21, 28, 42, 84이고 $\frac{\square}{84}$를 기약분수로 나타냈을 때 분모는 이 중 하나입니다.
진분수이고 기약분수로 나타냈을 때 분모와 분자의 차가 7이므로 분모는 8보다 크거나 같습니다.
기약분수의 분모는 12, 14, 21, 28, 42, 84 중 하나이고 이때 분자는 각각 5, 7, 14, 21, 35, 77이어야 합니다.
$\frac{5}{12}$, $\frac{7}{14}$, $\frac{14}{21}$, $\frac{21}{28}$, $\frac{35}{42}$, $\frac{77}{84}$ 중 기약분수는 $\frac{5}{12}$입니다.
따라서 $\frac{5\times\triangle}{12\times\triangle}=\frac{\square}{84}$에서
$\triangle=84\div12=7$이므로
$\square=5\times\triangle=5\times7=35$입니다.

6 분자는 1부터 2씩 커지고, 분모는 분자보다 2 큰 수인 규칙이 있습니다.
첫째 분수의 분자: 1,
둘째 분수의 분자: $3=1+1\times2$
셋째 분수의 분자: $5=1+2\times2$
넷째 분수의 분자: $7=1+3\times2$
다섯째 분수의 분자: $9=1+4\times2$
⋮
(□째 분수의 분자)$=1+(\square-1)\times2$이므로
20째 분수의 분자는 $1+19\times2=39$, 분모는 $39+2=41$입니다.
➡ (첫째 분수부터 20째 분수까지 곱한 값)
$$=\frac{1}{3}\times\frac{3}{5}\times\frac{5}{7}\times\frac{7}{9}\times\frac{9}{11}\times\frac{11}{13}\times\cdots\cdots\times\frac{39}{41}$$
$$=\frac{1}{41}$$

7 다음 그림과 같이 보조선 ㄱㄷ을 그으면 삼각형 ㄱㅁㄹ과 삼각형 ㄱㄷㄹ은 밑변의 길이와 높이가 각각 같으므로 넓이가 같습니다.

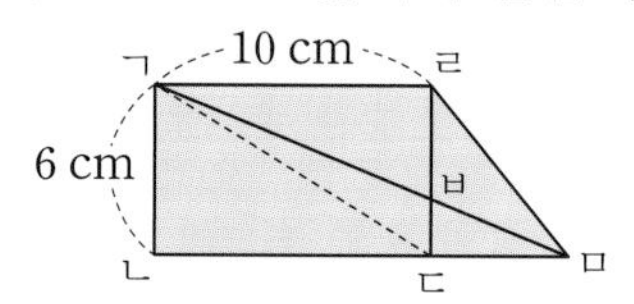

(삼각형 ㄹㅂㅁ의 넓이)
=(삼각형 ㄱㅁㄹ의 넓이)
−(삼각형 ㄱㅂㄹ의 넓이)
=(삼각형 ㄱㄷㄹ의 넓이)
−(삼각형 ㄱㅂㄹ의 넓이)
$=10\times6\div2-20=10$ (cm^2)
삼각형 ㄱㅂㄹ의 넓이가 20 cm^{2}이고 변 ㄱㄹ의 길이가 10 cm이므로
(선분 ㄹㅂ의 길이)
$=20\times2\div10=4$ (cm)입니다.
삼각형 ㄹㅂㅁ의 넓이가 10 cm^{2}이고 선분 ㄹㅂ의 길이가 4 cm이므로
(선분 ㄷㅁ의 길이)
$=10\times2\div4=5$ (cm)입니다.

(선분 ㄴㅁ의 길이)
=(선분 ㄴㄷ의 길이)+(선분 ㄷㅁ의 길이)
$=10+5=15$ (cm)
따라서 (사다리꼴 ㄱㄴㅁㄹ의 넓이)
$=(10+15)\times6\div2=75$ (cm^2)입니다.

8 선대칭도형의 변을 각각 평행하게 이동시켜 나타내면 다음과 같습니다.

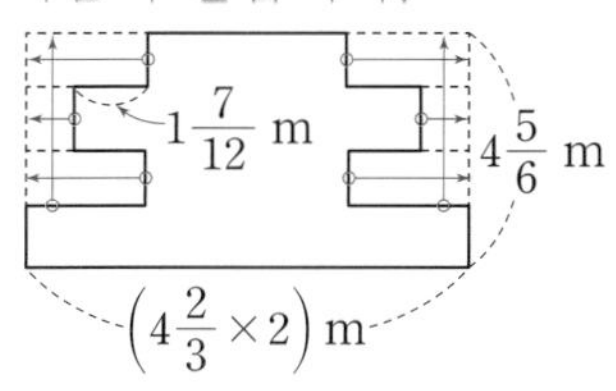

도형의 둘레는 가로가 $\left(4\frac{2}{3}\times2\right)$ m이고 세로가 $4\frac{5}{6}$ m인 직사각형의 둘레와 $1\frac{7}{12}$ m의 4배의 합과 같습니다.
(직사각형의 가로)$=4\frac{2}{3}\times2=\frac{14}{3}\times2$
$=\frac{28}{3}=9\frac{1}{3}$ (m)
(직사각형의 둘레)
$=\left(9\frac{1}{3}+4\frac{5}{6}\right)\times2=13\frac{7}{6}\times2$
$=14\frac{1}{6}\times2=\frac{85}{6}\times2=\frac{85}{3}=28\frac{1}{3}$ (m)
(나머지 선분의 길이의 합)
$=1\frac{7}{12}\times4=\frac{19}{12}\times4=\frac{19}{3}=6\frac{1}{3}$ (m)
➡ (선대칭도형의 둘레)
$=28\frac{1}{3}+6\frac{1}{3}=34\frac{2}{3}$ (m)

9 앞에서 보았을 때 ㄱㄴ 모양이 되도록 전개도를 접어야 하므로 ㄱ과 ㄴ이 앞에 보이도록 다음과 같이 전개도를 접어야 합니다.

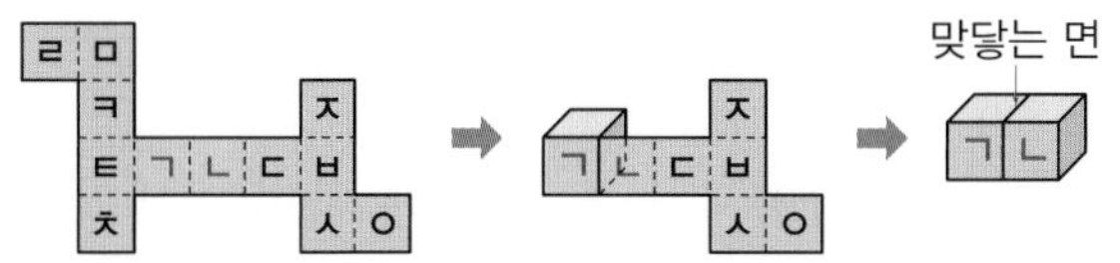

ㄱ과 ㄴ을 기준으로 전개도를 2개의 부분으로 나누어 맞닿는 면을 생각해 봅니다.

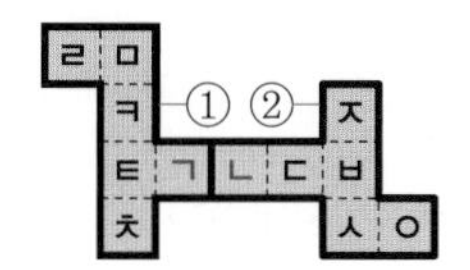

① 전개도를 접었을 때 ㄱ면의 오른쪽에 오는 면이 맞닿는 면입니다.
➡ ㄱ면 왼쪽에 ㅌ이 쓰인 면이 오고 ㅌ이 쓰인 면과 마주 보는 면을 찾으면 ㅁ이 쓰인 면입니다.
② 전개도를 접었을 때 ㄴ면의 왼쪽에 오는 면이 맞닿는 면입니다.
➡ ㄴ면 오른쪽에 ㄷ이 쓰인 면이 오고 ㄴ이 쓰인 면과 마주 보는 면을 찾으면 ㅇ이 쓰인 면입니다.
따라서 두 정육면체가 서로 맞닿는 면에 쓰여 있는 글자는 각각 ㅁ, ㅇ입니다.

10 1반의 학생 수를 □명이라고 하면 2반의 학생 수는 □명, 3반의 학생 수는 (□+6)명입니다.
(반별 학생 수의 평균)
$=\frac{□+□+(□+6)+22}{4}=25$이므로
□+□+□+6+22=100,
□+□+□=72, □=24입니다.
즉 1반의 학생 수는 24명, 2반의 학생 수는 24명, 3반의 학생 수는 24+6=30(명)입니다.
(1반 학생들의 총점)$=50.5\times24=1212$(점)
(2반 학생들의 총점)$=59.5\times24=1428$(점)
(3반 학생들의 총점)$=58.5\times30=1755$(점)
(4반 학생들의 총점)$=56.5\times22=1243$(점)
즉 5학년 전체 학생 수는 100명, 학생들의 총점은
$1212+1428+1755+1243=5638$(점)
입니다.
따라서 5학년 전체 학생들의 평균 시험 점수는
$5638\div100=56.38$(점)입니다.

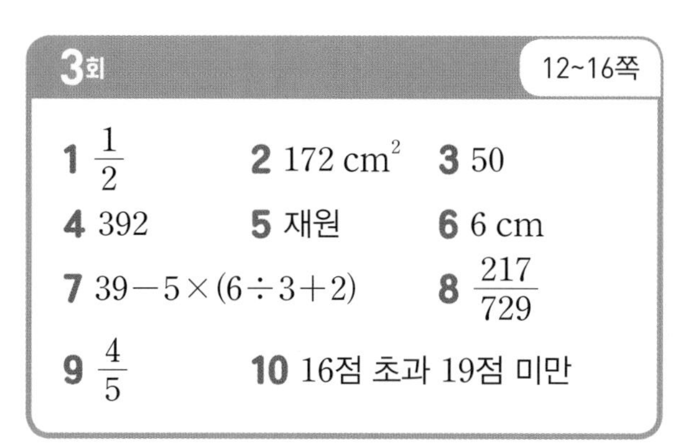

3회 12~16쪽

1 $\frac{1}{2}$ **2** 172 cm^2 **3** 50
4 392 **5** 재원 **6** 6 cm
7 $39-5\times(6\div3+2)$ **8** $\frac{217}{729}$
9 $\frac{4}{5}$ **10** 16점 초과 19점 미만

1 동전 한 개와 주사위 한 개를 동시에 던져서 나올 수 있는 경우는
(숫자 면, 1), (숫자 면, 2), (숫자 면, 3),
(숫자 면, 4), (숫자 면, 5), (숫자 면, 6),
(그림 면, 1), (그림 면, 2), (그림 면, 3),
(그림 면, 4), (그림 면, 5), (그림 면, 6)
으로 12가지가 있습니다.
동전의 숫자 면이 나오는 경우는 12가지 중 6가지이므로 숫자 면이 나올 가능성을 수로 표현하면 $\frac{6}{12}=\frac{1}{2}$입니다.

2 선대칭도형과 점대칭도형을 차례로 그려 봅니다.
① 선대칭도형 그리기 ② 점대칭도형 그리기

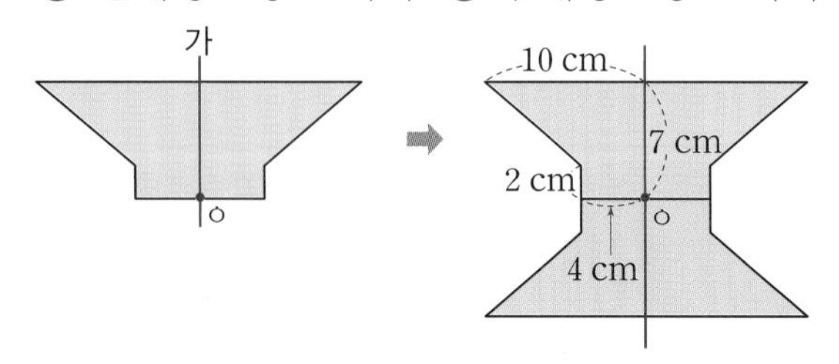

완성한 도형의 넓이는 주어진 도형의 넓이의 4배입니다.

(㉮의 넓이)
$=(10+4)\times(7-2)\div2$
$=35\ (\text{cm}^2)$,
(㉯의 넓이)
$=4\times2=8\ (\text{cm}^2)$이므로
(주어진 도형의 넓이)
$=$(㉮의 넓이)$+$(㉯의 넓이)
$=35+8=43\ (\text{cm}^2)$입니다.
따라서 완성한 도형의 넓이는
$43\times4=172\ (\text{cm}^2)$입니다.

3 각 묶음에 있는 분수들의 합을 구해 봅니다.

첫째: $\frac{1}{2}$, 둘째: $\frac{1}{3}+\frac{2}{3}=\frac{\cancel{3}^{1}}{\cancel{3}_{1}}=1$,

셋째: $\frac{1}{4}+\frac{2}{4}+\frac{3}{4}=\frac{\cancel{6}^{3}}{\cancel{4}_{2}}=\frac{3}{2}=1\frac{1}{2}$,

넷째: $\frac{1}{5}+\frac{2}{5}+\frac{3}{5}+\frac{4}{5}=\frac{\cancel{10}^{2}}{\cancel{5}_{1}}=2$

배열 순서와 각 묶음에 있는 분수들의 합을 표로 나타내면 다음과 같습니다.

배열 순서	첫째	둘째	셋째	넷째	......	■째
합	$\frac{1}{2}$	$1=\frac{2}{2}$	$1\frac{1}{2}=\frac{3}{2}$	$2=\frac{4}{2}$	......	$\frac{■}{2}$

$+\frac{1}{2}$ $+\frac{1}{2}$ $+\frac{1}{2}$

따라서 100째 묶음에 있는 분수들의 합은
$\frac{\cancel{100}^{50}}{\cancel{2}_{1}}=50$입니다.

4 • 반올림하여 십의 자리까지 나타내면 60인 자연수: 55 이상 64 이하인 수
➡ $55\times7=385$, $64\times7=448$이므로 7로 나누기 전의 수는 385 이상 448 이하인 자연수입니다.
• 반올림하여 십의 자리까지 나타내면 50인 자연수: 45 이상 54 이하인 수
➡ $45\times8=360$, $54\times8=432$이므로 8로 나누기 전의 수는 360 이상 432 이하인 자연수입니다.

위의 두 조건을 만족하는 어떤 자연수는 385 이상 432 이하인 수입니다.
이 중에서 7과 8로 각각 나누어떨어지는 수는 7과 8의 최소공배수인 56의 배수이므로 392입니다.

5 전체 일의 양을 1이라고 하면 나영이는 1시간 동안 전체의 $\frac{1}{15}$만큼 일을 하고, 재원이는 1시간 동안 전체의 $\frac{1}{21}$만큼 일을 합니다.
1시간씩 번갈아 가며 일을 하므로 2시간 동안 두 사람이 하는 일의 양은 전체의

$\frac{1}{15}+\frac{1}{21}=\frac{7}{105}+\frac{5}{105}=\frac{\cancel{12}^{4}}{\cancel{105}_{35}}=\frac{4}{35}$

만큼입니다.
$\frac{4}{35}\times8=\frac{32}{35}$이므로 두 사람이 번갈아 가며 $8\times2=16$(시간) 동안 일을 하면 전체의 $1-\frac{32}{35}=\frac{3}{35}$만큼의 일이 남습니다.
나영이가 일을 할 차례이므로 남은 일의 양과 나영이가 1시간 동안 하는 일의 양을 비교해 보면 $\frac{3}{35}=\frac{9}{105}$, $\frac{1}{15}=\frac{7}{105}$이므로

$\frac{9}{105} > \frac{7}{105}$ 입니다.
따라서 마지막에 일하게 되는 사람은 재원입니다.

(참고) 마지막에 나영이가 일하고 남은 일의 양은 $\frac{9}{105}-\frac{7}{105}=\frac{2}{105}$ 만큼이고 재원이는 1시간 동안 $\frac{1}{21}=\frac{5}{105}$ 만큼 일을 하므로 마지막에 일하게 되는 사람은 재원입니다.

6 전개도에서 점 ㄱ과 만나는 꼭짓점을 연결해 보면 다음과 같습니다.

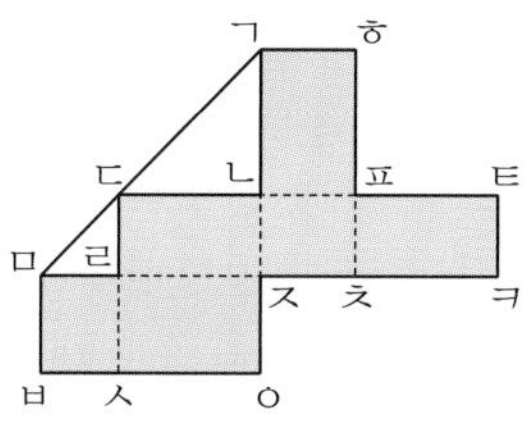

점 ㄱ과 점 ㅁ이 만나므로 꼭짓점 ㄱ에서 꼭짓점 ㅂ까지 가장 짧을 때의 거리는 선분 ㅁㅂ의 길이와 같습니다.
(선분 ㄱㄴ의 길이)
=(선분 ㄷㄴ의 길이)=9 cm이고,
사각형 ㄷㄹㅈㄴ의 넓이는 45 cm^2이므로
(선분 ㄷㄹ의 길이)=45÷9=5 (cm)입니다.
(선분 ㅁㄹ의 길이)
=(선분 ㄷㄹ의 길이)=5 cm이고,
사각형 ㅁㅂㅅㄹ의 넓이는 30 cm^2이므로
(선분 ㅁㅂ의 길이)=30÷5=6 (cm)입니다.
따라서 꼭짓점 ㄱ에서 꼭짓점 ㅂ까지 거리가 가장 짧을 때는 6 cm입니다.

7 $39-5\times6\div3+2=39-30\div3+2$
$=39-10+2=31$
계산 순서가 바뀌도록 ( )를 넣어 보면
$(39-5)\times6\div3+2$, $(39-5\times6)\div3+2$, $39-(5\times6\div3+2)$, $39-5\times(6\div3+2)$, $39-5\times6\div(3+2)$입니다.
이 중에서 계산 결과가 19가 되는 것을 찾습니다.

[예상1] $(39-5)\times6\div3+2$
$=34\times6\div3+2$
$=204\div3+2$
$=68+2=70$
➡ 예상이 틀렸습니다.

[예상2] $(39-5\times6)\div3+2$
$=(39-30)\div3+2$
$=9\div3+2$
$=3+2=5$
➡ 예상이 틀렸습니다.

[예상3] $39-(5\times6\div3+2)$
$=39-(30\div3+2)$
$=39-(10+2)$
$=39-12=27$
➡ 예상이 틀렸습니다.

[예상4] $39-5\times(6\div3+2)$
$=39-5\times(2+2)$
$=39-5\times4$
$=39-20=19$
➡ 예상이 맞았습니다.

[예상5] $39-5\times6\div(3+2)$
$=39-5\times6\div5$
$=39-30\div5$
$=39-6=33$
➡ 예상이 틀렸습니다.

따라서 알맞은 곳에 ( )를 넣으면
$39-5\times(6\div3+2)$입니다.

(참고) 괄호가 없는 경우 ×, ÷를 +, −보다 먼저 계산하므로 계산 순서가 바뀌려면 + 또는 −를 ( ) 안에 넣어야 합니다.

8 보라색 정사각형의 넓이의 합은 바로 앞의 그림의 보라색 정사각형의 넓이의 합의 $\frac{8}{9}$이고 흰색 정사각형의 넓이의 합은 전체 넓이에서 보라색 정사각형의 넓이의 합을 뺀 것과 같습니다.
배열 순서에 따른 보라색과 흰색 정사각형의 넓이의 합을 표에 나타내면 다음과 같습니다.

배열 순서	첫째	둘째	셋째	넷째
보라색 정사각형의 넓이의 합	1	$\frac{8}{9}$	$\frac{8}{9}\times\frac{8}{9}$ $=\frac{64}{81}$	$\frac{64}{81}\times\frac{8}{9}$ $=\frac{512}{729}$
흰색 정사각형의 넓이의 합	0	$1-\frac{8}{9}$ $=\frac{1}{9}$	$1-\frac{64}{81}$ $=\frac{17}{81}$	$1-\frac{512}{729}$ $=\frac{217}{729}$

따라서 넷째 그림에서 흰색으로 칠한 정사각형의 넓이의 합은 $\frac{217}{729}$ 입니다.

9 삼각형 ㄱㄴㅂ과 삼각형 ㄷㅁㄴ은 직각삼각형입니다.
(선분 ㅁㄴ의 길이)$=12-8=4$ (cm)이므로
(삼각형 ㄷㅁㄴ의 넓이)
$=4\times15\div2=30$ (cm^2)입니다.
(삼각형 ㄱㄴㅂ의 넓이)
$=$(삼각형 ㄷㅁㄴ의 넓이)이므로
$12\times$(선분 ㅂㄴ의 길이)$\div2=30$,
$12\times$(선분 ㅂㄴ의 길이)$=60$,
(선분 ㅂㄴ의 길이)$=5$ (cm)입니다.
➡ (선분 ㄷㅂ의 길이)$=15-5=10$ (cm)
(삼각형 ㄱㄴㅂ의 넓이)
$=$(삼각형 ㄷㅁㄴ의 넓이)이므로
(삼각형 ㄱㅁㄹ의 넓이)
$=$(삼각형 ㄷㄹㅂ의 넓이)입니다.
$8\times$(선분 ㄹㅅ의 길이)$\div2$
$=10\times$(선분 ㄹㅇ의 길이)$\div2$이므로
$8\times$(선분 ㄹㅅ의 길이)
$=10\times$(선분 ㄹㅇ의 길이),
$\frac{8}{10}\times$(선분 ㄹㅅ의 길이)
$=$(선분 ㄹㅇ의 길이)입니다.
따라서 선분 ㄹㅇ의 길이는 선분 ㄹㅅ의 길이의
$\frac{\overset{4}{\cancel{8}}}{\underset{5}{\cancel{10}}}=\frac{4}{5}$입니다.

10 먼저 1위와 3위의 최종 점수를 구해 봅니다.
1위의 최고 점수는 20점, 최저 점수는 14점이므로
(1위의 최종 점수)$=\frac{19+18+17}{3}=\frac{54}{3}$
$=18$(점)이고, 3위는 1위보다 최종 점수가 1점 더 낮으므로 $18-1=17$(점)입니다.
이때 2위의 최종 점수는 17점 초과 18점 미만이어야 하므로 최고 점수와 최저 점수를 제외한 3명의 심사 위원 점수의 합은
$17\times3=51$(점) 초과 $18\times3=54$(점) 미만이어야 합니다.
- E 심사 위원 점수가 최고 점수인 경우
  최고 점수인 E 심사 위원 점수와 최저 점수인 16점을 제외한 3명의 심사 위원 점수의 합은 $19+18+17=54$(점)이 됩니다.
  ➡ 54점 미만이어야 하므로 E 심사 위원 점수는 19점보다 낮아야 합니다.
- E 심사 위원 점수가 최저 점수인 경우
  최고 점수인 19점과 최저 점수인 E 심사 위원 점수를 제외한 3명의 심사 위원 점수의 합은 $16+18+17=51$(점)이 됩니다.
  ➡ 51점 초과이어야 하므로 E 심사 위원 점수는 16점보다 높아야 합니다.
- E 심사 위원 점수가 최고 점수와 최저 점수가 아닌 경우
  최고 점수인 19점과 최저 점수인 16점을 제외한 3명의 심사 위원 점수의 합이 54점 미만이어야 하므로 E 심사 위원 점수는
  $54-18-17=19$(점)보다 낮아야 합니다.

따라서 2위를 한 학생이 E 심사 위원에게 받은 점수는 16점 초과 19점 미만입니다.

문제
해결의
길잡이 심화

수학 5학년

www.mirae-n.com

학습하다가 이해되지 않는 부분이나 정오표 등의
궁금한 사항이 있나요?
미래엔 홈페이지에서 해결해 드립니다.

교재 내용 문의
나의 교재 문의 | 수학 과외쌤 | 자주하는 질문 | 기타 문의

교재 자료 및 정답
동영상 강의 | 쌍둥이 문제 | 정답과 해설 | 정오표

초등학교

학년 반 이름

초등학교에서 탄탄하게 닦아 놓은
공부력이 중·고등 학습의 실력을 가릅니다.

하루한장 쏙셈

쏙셈 시작편
초등학교 입학 전 연산 시작하기
[2책] 수 세기, 셈하기

쏙셈
교과서에 따른 수·연산·도형·측정까지 계산력 향상하기
[12책] 1~6학년 학기별

쏙셈+플러스
문장제 문제부터 창의·사고력 문제까지 수학 역량 키우기
[12책] 1~6학년 학기별

쏙셈 분수·소수
3~6학년 분수·소수의 개념과 연산 원리를 집중 훈련하기
[분수 2책, 소수 2책] 3~6학년 학년군별

하루한장 한국사

큰별★쌤 최태성의 한국사
최태성 선생님의 재미있는 강의와 시각 자료로
역사의 흐름과 사건을 이해하기
[3책] 3~6학년 시대별

하루한장 한자

그림 연상 한자로 교과서 어휘를 익히고 급수 시험까지 대비하기
[4책] 1~2학년 학기별

하루한장 급수 한자

하루한장 한자 학습법으로 한자 급수 시험 완벽하게 대비하기
[3책] 8급, 7급, 6급

하루한장 ENGLISH BITE

ENGLISH BITE 알파벳 쓰기
알파벳을 보고 듣고 따라쓰며 읽기·쓰기 한 번에 끝내기
[1책]

ENGLISH BITE 파닉스
자음과 모음 결합 과정의 발음 규칙 학습으로
영어 단어 읽기 완성
[2책] 자음과 모음, 이중자음과 이중모음

ENGLISH BITE 사이트 워드
192개 사이트 워드 학습으로 리딩 자신감 키우기
[2책] 단계별

ENGLISH BITE 영문법
문법 개념 확인 영상과 함께 영문법 기초 실력 다지기
[Starter 2책, Basic 2책] 3~6학년 단계별

ENGLISH BITE 영단어
초등 영어 교육과정의 학년별 필수 영단어를
다양한 활동으로 익히기
[4책] 3~6학년 단계별

초등 교과서 발행사 미래엔의
교재로 초등 시기에 길러야 하는
공부력을 강화해 주세요.

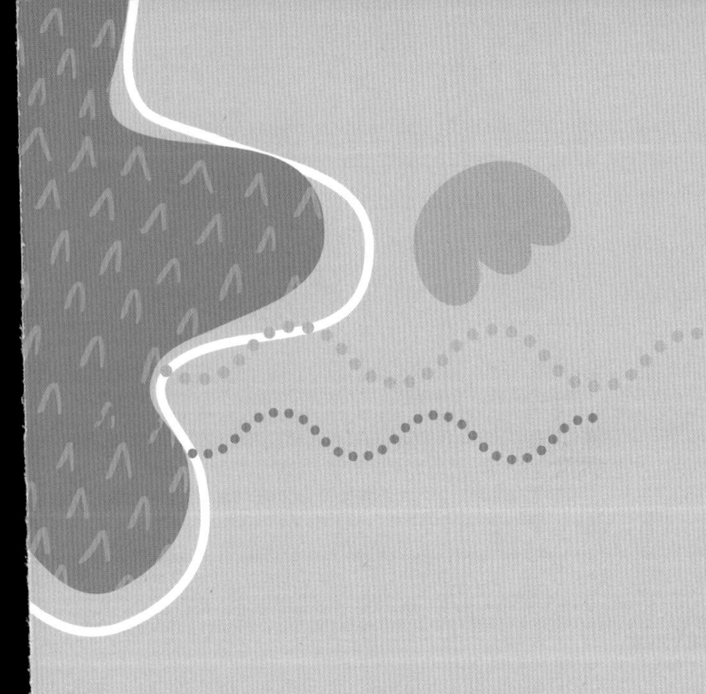

문제 해결의 길잡이

심화

도전 3 경시 대비 평가

최고 수준 문제로 교내외 경시 대회 도전하기

수학 5학년

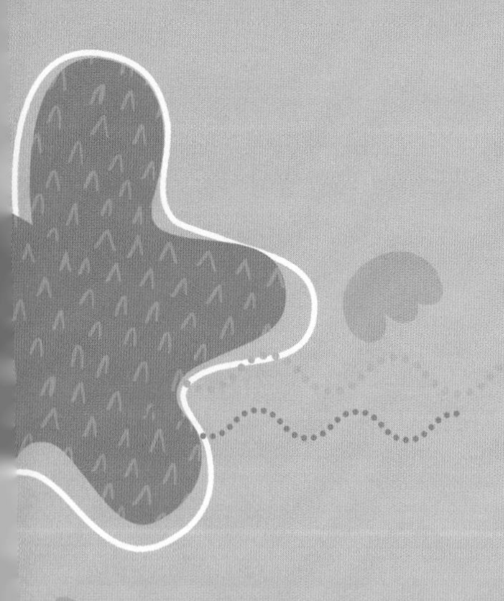

도전 3 경시 대비 평가

최고 수준 문제로 교내외 경시 대회 도전하기

“나의 공부 계획”

	번호	공부한 날	확인
1회	1～5번	월 일	
	6～10번	월 일	
2회	1～5번	월 일	
	6～10번	월 일	
3회	1～5번	월 일	
	6～10번	월 일	

경시 대비 평가 1회

1 톱니 수가 각각 12개, 30개, 18개인 ㉮, ㉯, ㉰ 3개의 톱니바퀴가 맞물려 돌아가고 있습니다. 세 톱니바퀴의 톱니가 처음 맞물렸던 자리에서 다시 만나려면 ㉰ 톱니바퀴는 적어도 몇 바퀴를 돌아야 합니까?

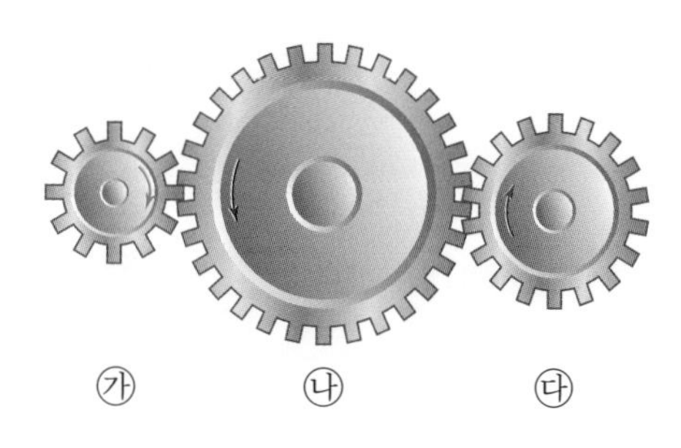

2 다음 그림에서 점 ㅇ을 대칭의 중심으로 하는 점대칭도형을 완성하였을 때, 완성한 점대칭도형의 넓이는 몇 cm^2인지 구하시오.

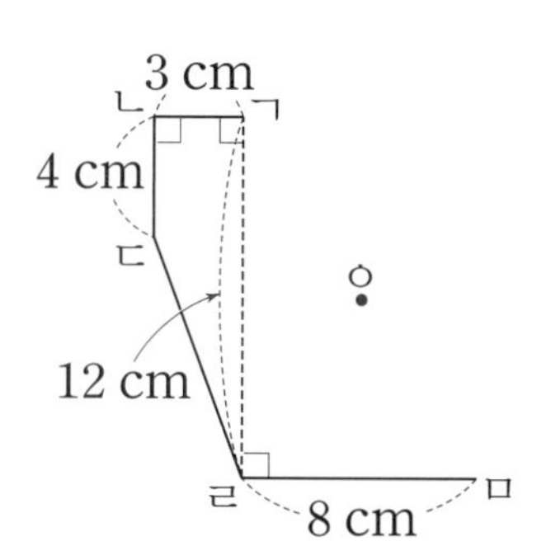

3 다음과 같이 분수의 곱셈식을 일정한 규칙으로 늘어놓았습니다. 10째에 놓일 곱셈식의 계산 결과와 20째에 놓일 곱셈식의 계산 결과의 곱을 구하시오.

$$\frac{1}{2}\times 3,\ \frac{1}{3}\times\frac{4}{2},\ \frac{1}{4}\times\frac{5}{3},\ \frac{1}{5}\times\frac{6}{4},\ \frac{1}{6}\times\frac{7}{5}\cdots\cdots$$

4 어느 욕조에 물을 가득 채우는 데 ㉮ 수도꼭지로만 물을 받으면 30분, ㉯ 수도꼭지로만 물을 받으면 15분이 걸립니다. 욕조에 가득 채운 물이 배수구를 통해 모두 빠져나가는 데 걸리는 시간은 20분입니다. 욕조의 배수구가 열려 있는 상태에서 ㉮, ㉯ 수도꼭지를 동시에 틀었을 때 5분 동안 채울 수 있는 물의 양은 욕조 들이의 몇 분의 몇인지 구하시오. (단, 각 수도꼭지에서 나오는 물의 양과 배수구로 빠져나가는 물의 양은 각각 일정합니다.)

5 윤서네 반 학생들 중 강아지를 좋아하는 학생이 13명, 고양이를 좋아하는 학생이 7명입니다. 강아지도 좋아하지 않고 고양이도 좋아하지 않는 학생이 4명일 때, 윤서네 반 학생 수를 초과와 미만을 이용하여 나타내시오.

6 지효네 가족과 준수네 가족은 서울에서 대전까지 무궁화호를 타고 가려고 합니다. 지효네 가족은 일반실을, 준수네 가족은 입석을 예매했습니다. 어느 가족이 1인당 소비하는 무궁화호 요금이 얼마나 더 비싼지 구하시오.

서울에서 대전까지의 무궁화호 요금표

나이	구분	일반실 요금(원)	입석 요금(원)
5살 이상 14살 미만	어린이	5400	4600
14살 이상 66살 미만	어른	10800	9200
66살 이상	경로	7600	6400

지효
우리 가족은 67살인 할아버지, 43살인 아버지, 44살인 어머니, 12살인 나예요.

준수
우리 가족은 46살인 아버지, 45살인 어머니, 16살인 형, 14살인 누나, 12살인 나예요.

7 왼쪽 전개도를 접어 똑같은 정육면체를 3개 만든 후 오른쪽과 같이 붙였습니다. 전개도를 접었을 때 마주 보는 두 면에 적혀 있는 수의 합은 11입니다. 붙인 모양에서 맞닿은 네 면에 적혀 있는 수의 합을 구하시오. (단, 수가 적혀 있는 방향은 생각하지 않고, 수는 전개도의 한쪽 면에만 적혀 있습니다.)

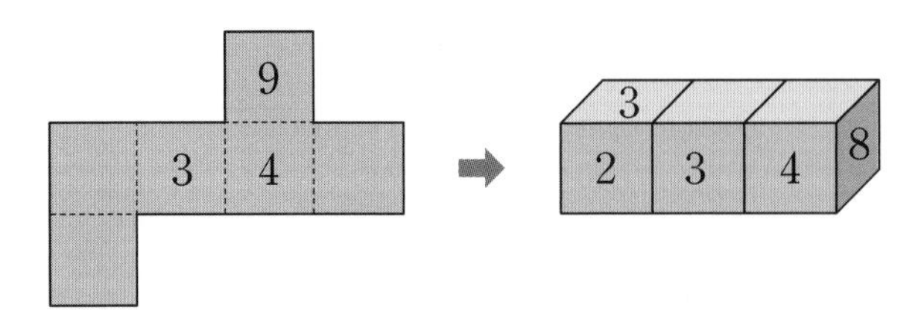

8 다음은 어느 통신사의 휴대 전화 요금제를 나타낸 것입니다. 미소가 가 요금제에서 나 요금제로 바꾸려고 합니다. 데이터를 몇 MB 초과로 사용할 때 나 요금제로 바꾸는 것이 더 저렴한지 구하시오. (단, 기본 요금과 추가 데이터 사용료 이외의 사용 요금은 없고, 추가 데이터 사용료는 100 MB 단위로만 계산합니다.)

휴대 전화 요금제

요금제	기본 요금	추가 데이터 사용료
가	18000원	100 MB당 2500원
나	20000원	100 MB당 2000원

9 그림과 같이 합동인 2개의 이등변삼각형이 6 cm 떨어진 곳에 있습니다. 각각 1초에 3 cm씩 화살표 방향으로 동시에 움직였을 때 겹치는 부분의 넓이가 처음으로 9 cm^2가 되는 때는 움직인 지 몇 초 후입니까?

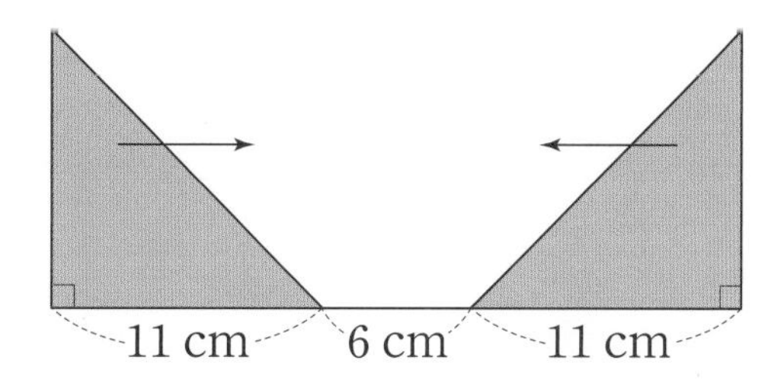

10 1.1, 1.2, 1.3과 같이 연속하는 3개의 소수 한 자리 수가 있습니다. 연속하는 3개의 소수의 합과 곱을 각각 구했는데 다음과 같이 잉크가 번져서 일부가 보이지 않습니다. 연속하는 3개의 소수 한 자리 수 중 가장 큰 수와 가장 작은 수의 곱을 구하시오.

합: 1●.8	곱: ●●●.●6

경시 대비 평가 2회

1 욕조에 가득 담겨 있던 물을 1분에 3.2 L씩 일정하게 빼냈습니다. 물을 빼낸 지 15분 45초 후에 남은 물이 9.6 L였다면 처음 욕조에 담겨 있던 물은 몇 L인지 구하시오.

2 다음과 같은 네 자리 수를 5의 배수도 되고, 6의 배수도 되게 만들려고 합니다. 만들 수 있는 수는 모두 몇 개인지 구하시오.

47■▲

3 다섯 자리 수 385■▲를 반올림하여 백의 자리까지 나타내면 38500이 되고, 385■▲를 올림하여 십의 자리까지 나타낸 수와 버림하여 십의 자리까지 나타낸 수가 같습니다. 385■▲가 될 수 있는 수는 모두 몇 개인지 구하시오.

4 다음 식의 ○ 안에 4가지 연산 기호 $+$, $-$, $\times$, $\div$를 각각 한 번씩 써넣어 계산하려고 합니다. 계산한 값 중에서 가장 큰 값을 구하시오.

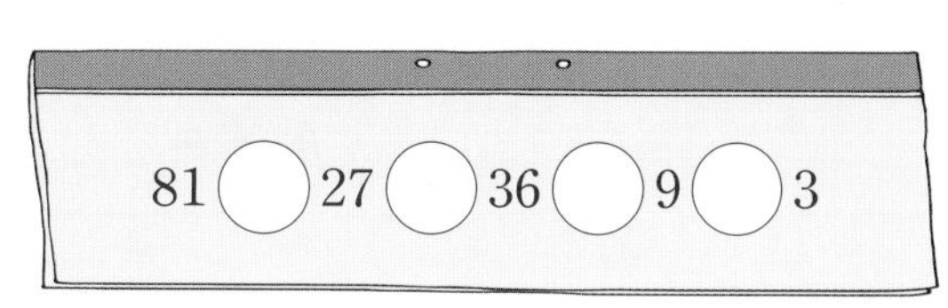

5 분수 $\frac{\square}{84}$가 다음 조건을 모두 만족할 때 □ 안에 알맞은 수를 구하시오.

- 진분수입니다.
- 기약분수로 나타내면 분모와 분자의 차가 7입니다.

6 일정한 규칙을 따라 분수를 늘어놓았습니다. 첫째 분수부터 20째 분수까지 모두 곱하면 얼마인지 구하시오.

$$\frac{1}{3}, \frac{3}{5}, \frac{5}{7}, \frac{7}{9}, \frac{9}{11}, \frac{11}{13}\cdots\cdots$$

7 사각형 ㄱㄴㄷㄹ은 직사각형이고 삼각형 ㄱㅂㄹ의 넓이는 20 cm^2입니다. 사다리꼴 ㄱㄴㅁㄹ의 넓이는 몇 cm^2인지 구하시오.

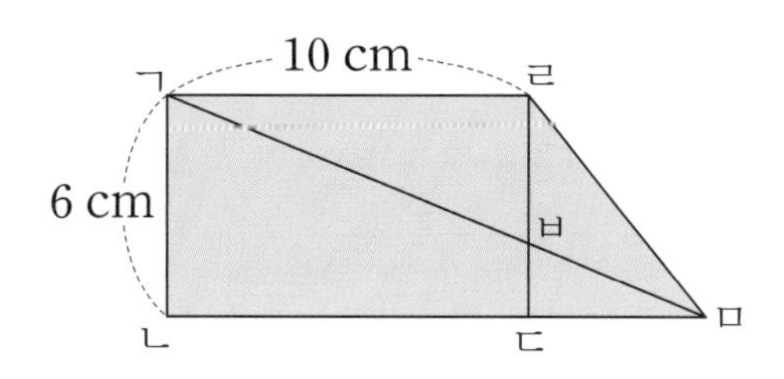

8 다음 도형은 직선 가를 대칭축으로 하는 선대칭도형입니다. 선대칭도형의 둘레는 몇 m인지 구하시오.

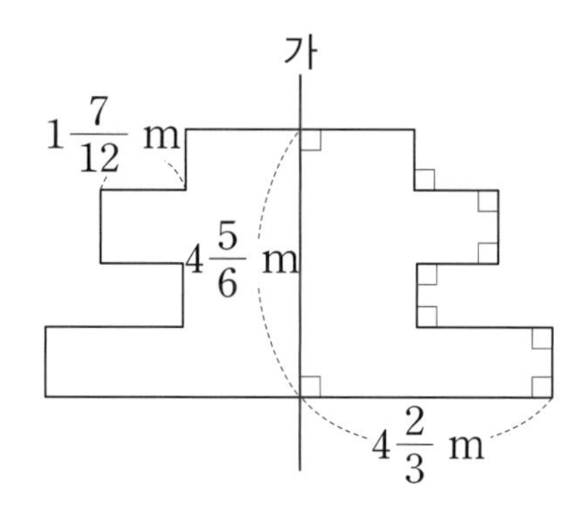

9 다음은 크기가 같은 2개의 정육면체의 전개도를 붙인 모양입니다. 이 전개도를 접어 앞에서 보았을 때 ㄱ ㄴ 모양이 되도록 놓는다면 두 정육면체가 서로 맞닿는 면에 쓰여 있는 글자를 각각 구하시오.

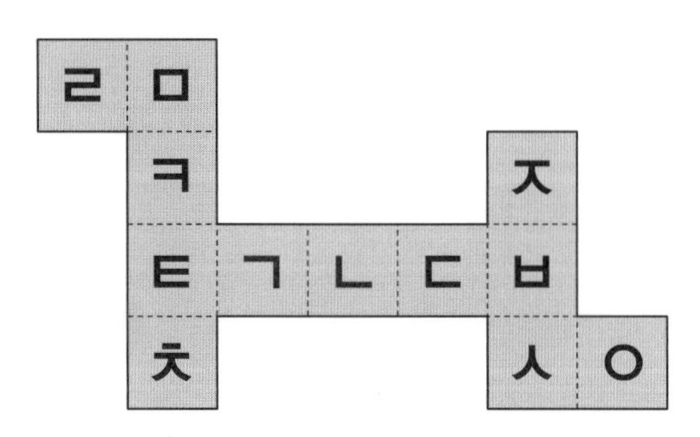

10 다음은 미래네 학교 5학년 학생들의 반별 평균 시험 점수입니다. 1반의 학생 수와 2반의 학생 수는 같고, 3반의 학생 수는 1반의 학생 수보다 6명 더 많습니다. 반별 학생 수의 평균이 25명일 때 5학년 전체 학생들의 평균 시험 점수는 몇 점인지 구하시오.

미래네 학교 5학년 학생들의 반별 평균 시험 점수

	1반	2반	3반	4반
평균 시험 점수(점)	50.5	59.5	58.5	56.5
학생 수(명)				22

경시 대비 평가 3회

1 동전 한 개와 주사위 한 개를 동시에 던졌을 때, 동전은 숫자 면이 나오고 주사위의 눈의 수는 1 이상인 수가 나올 가능성을 0부터 1까지의 수로 표현해 보시오.

2 다음 도형을 직선 가를 대칭축으로 하여 선대칭도형을 그린 후 다시 점 ㅇ을 대칭의 중심으로 하여 점대칭도형을 그렸습니다. 완성한 도형의 넓이는 몇 cm^2인지 구하시오.

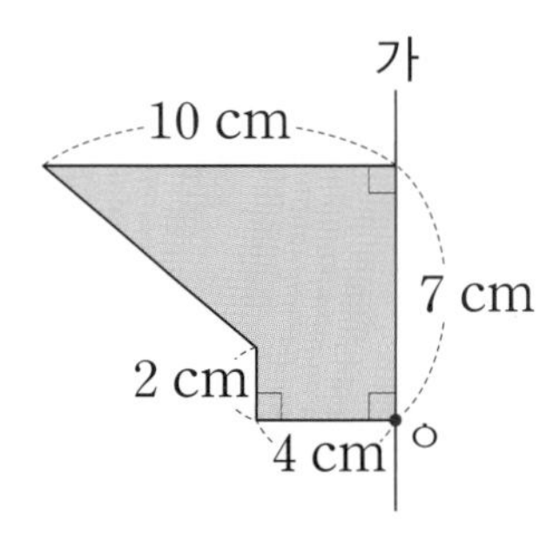

3 다음과 같이 분수를 일정한 규칙으로 늘어놓았습니다. 100째 묶음에 있는 분수들의 합을 구하시오.

$$\left(\frac{1}{2}\right), \left(\frac{1}{3}, \frac{2}{3}\right), \left(\frac{1}{4}, \frac{2}{4}, \frac{3}{4}\right), \left(\frac{1}{5}, \frac{2}{5}, \frac{3}{5}, \frac{4}{5}\right)\cdots\cdots$$

4 다음 조건을 모두 만족하는 어떤 자연수를 구하시오.

- 어떤 수는 각각 7과 8로 나누어떨어집니다.
- 어떤 수를 7로 나눈 몫을 반올림하여 십의 자리까지 나타내면 60입니다.
- 어떤 수를 8로 나눈 몫을 반올림하여 십의 자리까지 나타내면 50입니다.

5 어떤 일을 나영이와 재원이가 번갈아 가며 1시간씩 하려고 합니다. 이 일을 나영이부터 시작하여 끝날 때까지 한다면 마지막에 일하게 되는 사람은 누구입니까? (단, 두 사람이 1시간 동안 하는 일의 양은 각각 일정합니다.)

나는 이 일을
혼자서 했더니
15시간이 걸렸어.

나는 이 일을
혼자서 했더니
21시간이 걸리던 걸.

6 직육면체의 전개도에서 사각형 ㄷㄹㅈㄴ의 넓이는 45 cm^2이고, 사각형 ㅁㅂㅅㄹ의 넓이는 30 cm^2입니다. 전개도를 접어서 만든 직육면체에서 꼭짓점 ㄱ에서 꼭짓점 ㅂ까지 거리가 가장 짧을 때는 몇 cm인지 구하시오.

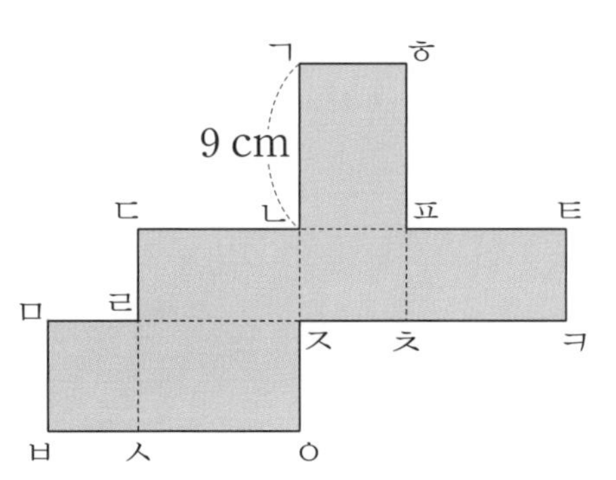

7 물음에 답하시오.

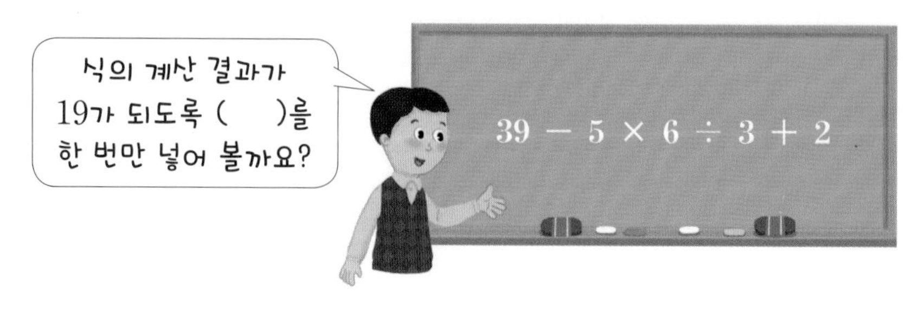

식의 계산 결과가
19가 되도록 (   )를
한 번만 넣어 볼까요?
39 − 5 × 6 ÷ 3 + 2

8 그림과 같이 보라색 정사각형의 네 변을 각각 3등분 하는 점을 서로 연결하여 생긴 가운데의 정사각형을 흰색으로 칠하는 규칙으로 그리고 있습니다. 처음 정사각형의 넓이를 1이라고 할 때 넷째 그림에서 흰색으로 칠한 정사각형의 넓이의 합은 몇 분의 몇입니까?

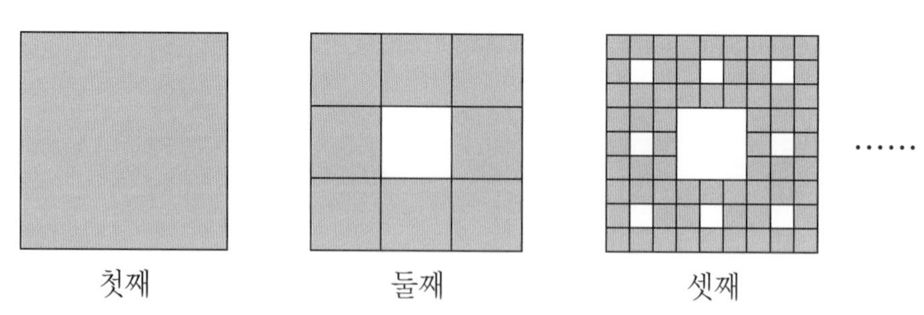

9 오른쪽 삼각형 ㄱㄴㅂ의 넓이와 삼각형 ㄷㅁㄴ의 넓이가 같을 때 선분 ㄹㅇ의 길이는 선분 ㄹㅅ의 길이의 몇 분의 몇인지 구하시오.

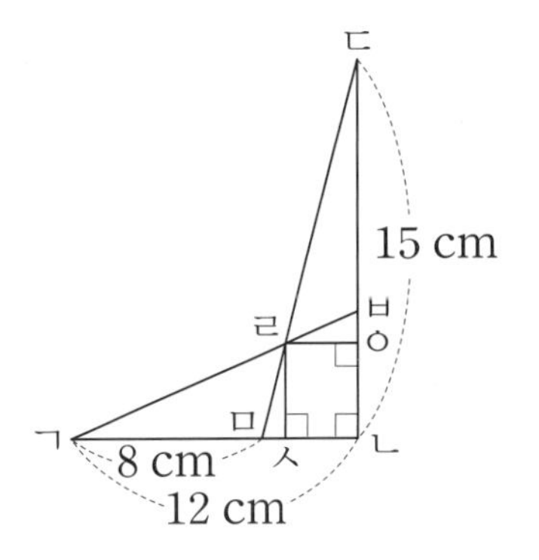

10 어느 피아노 콩쿠르 심사 결과표에 물을 흘려 일부가 보이지 않습니다. 이 피아노 콩쿠르는 20점을 만점으로 하여 5명의 심사 위원 중 최고 점수와 최저 점수를 제외한 3명의 심사 위원 점수의 평균을 최종 점수로 계산합니다. 3위를 한 학생이 1위를 한 학생보다 최종 점수가 1점 더 낮다면 2위를 한 학생이 E 심사 위원에게 받은 점수는 몇 점 초과 몇 점 미만입니까?

〈피아노 콩쿠르 심사 결과〉

심사 위원 / 학생	A	B	C	D	E	최종 점수	등위
김○○	20	19	18	14	17		1위
유○○	14	17	18	17			3위
정○○	19	16	18	17			2위

도전 3 경시 대비 평가